煤炭行业特有工种职业技能鉴定培训教材

煤矿机械安装工

（初级、中级、高级）

·修 订 本·

煤炭工业职业技能鉴定指导中心　组织编写

煤 炭 工 业 出 版 社

·北 　 京·

内 容 提 要

本书分别介绍了初级、中级、高级煤矿机械安装工职业技能鉴定的知识要求和技能要求。内容包括机械、液压传动基础知识，煤矿固定设备简介，采煤机械设备的安装、调试、拆除和搬运，设备的安装就位、找正，煤矿排水与压气设备的安装等知识。

本书是煤矿机械安装工职业技能考核鉴定前的培训和自学教材，也可作为各级各类技术学校相关专业师生的参考用书。

本书编审人员

主编　杨　华　尹玉龙　魏家贵

编写　尹玉龙

主审　高志华

审稿　刘建良

前　言

　　为了进一步提高煤炭行业职工队伍素质，加快煤炭行业高技能人才队伍建设步伐，实现煤炭行业职业技能鉴定工作的标准化、规范化，促进其健康发展，根据国家的有关规定和要求，煤炭工业职业技能鉴定指导中心组织有关专家、工程技术人员和职业培训教学管理人员编写了这套《煤炭行业特有工种职业技能鉴定培训教材》，作为国家职业技能鉴定考试的推荐用书。

　　本套职业技能鉴定培训教材以相应工种的职业标准为依据，内容上力求体现"以职业活动为导向，以职业技能为核心"的指导思想，突出职业培训特色。在结构上，针对各工种职业活动领域，按照模块化的方式，分初级工、中级工、高级工、技师、高级技师5个等级进行编写。每个工种的培训教材分为两册出版，其中初级工、中级工、高级工为一册，技师、高级技师为一册。

　　本套教材自2005年陆续出版以来，现已出版近50个工种的初级工、中级工、高级工教材和近30个工种的技师、高级技师教材，基本涵盖了煤炭行业的主体工种，满足了煤炭行业高技能人才队伍建设和职业技能鉴定工作的需要。

　　本套教材出版至今已10余年，期间煤炭科技发展迅猛，新技术、新工艺、新设备、新标准、新规范层出不穷，原教材有些内容已显陈旧，已不能满足当前职业技能鉴定工作的需要，特别是我国煤矿安全的根本大法——《煤矿安全规程》（2016年版）已经全面修订并颁布实施，因此我们决定对本套教材进行修订后陆续出版。

　　本次修订不改变原教材的框架结构，只是针对当前已不适用的技术及方法、淘汰的设备，以及与《煤矿安全规程》（2016年版）及新颁布的标准规范不相符的内容进行修改。

　　技能鉴定培训教材的编写组织工作，是一项探索性工作，有相当的难度，加之时间仓促，缺乏经验，不足之处恳请各使用单位和个人提出宝贵意见和建议。

煤炭工业职业技能鉴定指导中心

2016年6月

目　　次

职 业 道 德

一、职业道德基本知识

1. 职业道德的含义

所谓职业道德，就是同人们的职业活动紧密联系的符合职业特点要求的道德准则、道德情操与道德品质的总和，它既是对本职人员在职业活动中行为的要求，同时又是本职业对社会所负的道德责任与义务。职业道德的主要内容包括爱岗敬业、诚实守信、办事公道、服务群众、奉献社会等。

职业道德的含义包括以下 8 个方面：

（1）职业道德是一种职业规范，受社会普遍的认可。

（2）职业道德是长期以来自然形成的。

（3）职业道德没有确定形式，通常体现为观念、习惯、信念等。

（4）职业道德依靠文化、内心信念和习惯，通过员工的自律实现。

（5）职业道德大多没有实质的约束力和强制力。

（6）职业道德的主要内容是对员工义务的要求。

（7）职业道德标准多元化，不同企业可能具有不同的价值观，其职业道德的体现也有所不同。

（8）职业道德承载着企业文化和凝聚力，影响深远。

每个从业人员，不论从事哪种职业，在职业活动中都要遵守职业道德。要理解职业道德需要掌握以下 4 点：

（1）在内容方面，职业道德总是要鲜明地表达职业义务、职业责任以及职业行为上的道德准则。它不是一般地反映社会道德和阶级道德的要求，而是要反映职业、行业以至产业特殊利益的要求；它不是在一般意义上的社会实践基础上形成的，而是在特定的职业实践基础上形成的，因而它往往表现为某一职业特有的道德传统和道德习惯，表现为从事某一职业的人们所特有的道德心理和道德品质。

（2）在表现形式方面，职业道德往往比较具体、灵活、多样。它总是从本职业交流活动的实际出发，采用制度、守则、公约、承诺、誓言、条例，以至标语口号之类的形式。这些灵活的形式既易于从业人员接受和实行，也易于形成一种职业道德习惯。

（3）从调节的范围来看，职业道德一方面用来调节从业人员内部关系，加强职业、行业内部人员的凝聚力；另一方面也用来调节从业人员与其服务对象之间的关系，从而塑造本职业从业人员的形象。

（4）从产生的效果来看，职业道德既能使一定的社会道德原则和规范"职业化"，又能使个人道德品质"成熟化"。职业道德虽然是在特定的职业生活中形成的，但它绝不是离开社会道德而独立存在的道德类型。职业道德始终是在社会道德的制约和影响下存在和发展的；职业道德和社会道德之间的关系，就是一般与特殊、共性与个性之间的关系。任何一种形式的职业道德，都在不同程度上体现着社会道德的要求。同样，社会道德在很大程度上都是通过具体的职业道德形式表现出来的。同时，职业道德主要表现在实际从事一定职业的成年人的意识和行为中，是道德意识和道德行为成熟的阶段。职业道德与各种职业要求和职业生活结合，具有较强的稳定性和连续性，形成比较稳定的职业心理和职业习惯，以至于在很大程度上改变人们在学校生活阶段和少年生活阶段所形成的品行，影响道德主体的道德风貌。

2. 职业道德的特点

职业道德具有以下几方面的特点：

（1）适用范围的有限性。每种职业都担负着一种特定的职业责任和职业义务，各种职业的职业责任和义务各不相同，因而形成了各自特定的职业道德规范。

（2）发展的历史继承性。由于职业具有不断发展和世代延续的特征，不仅其技术世代延续，其管理员工的方法、与服务对象打交道的方法等，也有一定的历史继承性。

（3）表达形式的多样性。由于各种职业道德的要求都较为具体、细致，因此其表达形式多种多样。

（4）兼有纪律规范性。纪律也是一种行为规范，但它是介于法律和道德之间的一种特殊规范。它既要求人们能自觉遵守，又带有一定的强制性。就前者而言，它具有道德色彩；就后者而言，又带有一定的法律色彩。也就是说，一方面，遵守纪律是一种美德；另一方面，遵守纪律又带有强制性，具有法令的要求。例如，工人必须执行操作规程和安全规定，军人要有严明的纪律等等。因此，职业道德有时又以制度、章程、条例的形式表达，让从业人员认识到职业道德又具有纪律的规范性。

3. 职业道德的社会作用

职业道德是社会道德体系的重要组成部分，它一方面具有社会道德的一般作用，另一方面又具有自身的特殊作用，具体表现在：

（1）调节职业交往中从业人员内部以及从业人员与服务对象之间的关系。职业道德的基本职能是调节职能。它一方面可以调节从业人员内部的关系，即运用职业道德规范约束职业内部人员的行为，促进职业内部人员的团结与合作。如职业道德规范要求各行各业的从业人员，都要团结、互助、爱岗、敬业，齐心协力地为发展本行业、本职业服务。另一方面，职业道德又可以调节从业人员和服务对象之间的关系。如职业道德规定了制造产品的工人要怎样对用户负责，营销人员怎样对顾客负责，医生怎样对病人负责，教师怎样对学生负责，等等。

（2）有助于维护和提高一个行业和一个企业的信誉。信誉是一个行业、一个企业的形象、信用和声誉，指企业及其产品与服务在社会公众中的信任程度。提高企业的信誉主要靠提高产品的质量和服务质量，因而从业人员职业道德水平的提升是提高产品质量和服务质量的有效保证。若从业人员职业道德水平不高，就很难生产出优质的产品、提供优质的服务。

（3）促进行业和企业的发展。行业、企业的发展有赖于高的经济效益，而高的经济效益源于高的员工素质。员工素质主要包含知识、能力、责任心三个方面，其中责任心是最重要的。而职业道德水平高的从业人员，其责任心是极强的，因此，优良的职业道德能促进行业和企业的发展。

（4）有助于提高全社会的道德水平。职业道德是整个社会道德的重要组成部分。职业道德一方面涉及每个从业者如何对待职业，如何对待工作，同时也是一个从业人员的生活态度、价值观念的表现，具有较强的稳定性和连续性。另一方面，职业道德也是一个职业集体，甚至是一个行业全体人员的行为表现。如果每个行业、每个职业集体都具备优良的职业道德，将会对整个社会道德水平的提升发挥重要作用。

二、职业守则

通常职业道德要求通过在职业活动中的职业守则来体现。广大煤矿职工的职业守则有以下几个方面。

1. 遵守法律法规和煤矿安全生产的有关规定

煤炭生产有它的特殊性，从业人员除了遵守《煤炭法》《安全生产法》《煤矿安全规程》《煤矿安全监察条例》以外，还要遵守煤炭行业制定的专门规章制度。只有遵法守纪，才能确保安全生产。作为一名合格的煤矿职工，应该遵守煤矿的各项规章制度，遵守煤矿劳动纪律，尤其是岗位责任制和操作规程、作业规程，处理好安全与生产的关系。

2. 爱岗敬业

热爱本职工作是一种职业情感。煤炭是我国当前的主要能源，在国民经济中占举足轻重的地位。作为一名煤矿职工，应该感到责任重大，感到光荣和自豪；应该树立热爱矿山、热爱本职工作的思想，认真工作，培养职业兴趣；干一行、爱一行、专一行，既爱岗又敬业，干好自己的本职工作，为我国的煤矿安全生产多做贡献。

3. 坚持安全生产

煤矿生产是人与自然的斗争，工作环境特殊，作业条件艰苦，情况复杂多变，不安全因素和事故隐患多，稍有疏忽或违章，就可能导致事故发生，轻则影响生产，重则造成矿毁人亡。安全是煤矿工作的重中之重。没有安全，生产就无从谈起。安全是广大煤矿职工的最大福利，只有确保了安全生产，职工的辛勤劳动才能切切实实、真真正正地对其自身生活产生较为积极的意义。作为一名煤矿职工，一定要按章作业，努力抵制"三违"，做到安全生产。

4. 刻苦钻研职业技能

职业技能，也可称为职业能力，是人们进行职业活动、完成职业责任的能力和手段。它包括实际操作能力、业务处理能力、技术能力以及相关的科学理论知识水平等。

经过新中国成立以来几十年的发展，我国的煤炭生产也由原来的手工作业逐步向综合机械化作业转变，建成了许多世界一流的现代化矿井，特别是国有大中型矿井，大都淘汰了原来的生产模式，转变成为现代化矿井，高科技也应用于煤炭生产、安全监控之中。所有这些都要求煤矿职工在工作和学习中刻苦钻研职业技能，提高技术能力，掌握扎实的科学知识，只有这样才能胜任自己的工作。

5. 加强团结协作

一个企业、一个部门的发展离不开协作。团结协作、互助友爱是处理企业团体内部人与人之间，以及协作单位之间关系的道德规范。

6. 文明作业

爱护材料、设备、工具、仪表，保持工作环境整洁有序，文明作业；着装符合井下作业要求。

第一部分

初级煤矿机械安装工知识要求

第一章 机械基础知识

第一节 识 图 知 识

一、正投影的基本概念

1. 投影法

日光照射物体，在地上或墙上产生影子，这种现象叫做投影；一组互相平行的投影的投影线与投影面垂直投影称为正投影。正投影的投影图能表达物体的真实形状，如图 1-1 所示。

2. 三视图的形成及投影规律

1）三视图的形成

图 1-2a 所示，将物体放在三个互相垂直的投影面上，使物体上的主要平面平行一投影面，然后分别向三个投影面作正投影，得到的三个图形称为三视图。三个视图分别为：

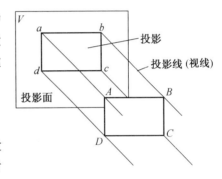

图 1-1 正投影法

主视图，是向正前方投影，在正面（V）上所得到的视图。

俯视图，是由上向下投影，在水平面（H）上所得到的视图。

左视图，是由左向右投影，在侧面（W）上所得到的视图。

在三个投影面上得到物体的三视图后，须将空间互相垂直的三个投影展开摊平在一个平面上。展开投影面时规定：正面保持不动，将水平面和侧面按图 1-2b 中箭头所示的方向旋转 90°得图 1-2c。为使图形清晰，再去掉投影轴和投影轴面线框，就成为常用的三视图，如图 1-2d 所示。

2）投影规律

（1）视图间的对应关系。从三视图中可以看出：主视图反映了物体的长度和高度；俯视图反映了物体的长度和宽度；左视图反映了物体的高度和宽度。由此可以得到如下投影规律：

主视图、俯视图中相应投影的长度相等，并且对正；

主视图、左视图中相应投影的高度相等，并且平齐；

俯视图、左视图中相应投影的宽度相等。

归纳起来，即"长对正，高平齐，宽相等"，如图 1-3 所示。

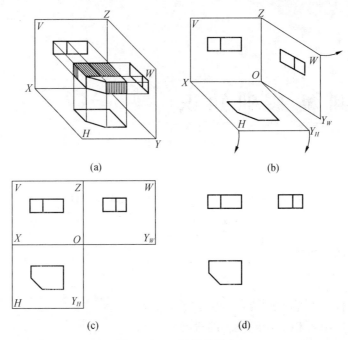

图 1-2　三视图的形成

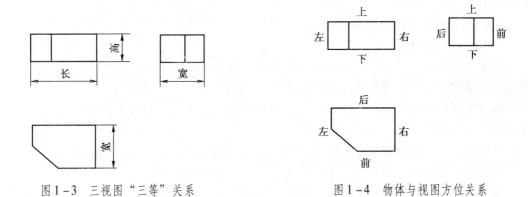

图 1-3　三视图"三等"关系　　　　图 1-4　物体与视图方位关系

（2）物体与视图的方位关系。物体各结构之间都具有六个方向的相互位置关系，如图 1-4 所示。它与三视图的方位关系如下：

主视图反映出物体的上、下、左、右位置关系；

俯视图反映出物体的前、后、左、右位置关系；

左视图反映出物体的前、后、上、下位置关系。

注意：以主视图为基准，俯视图与左视图中，远离主视图的一方为物体前方；靠近主视图的一方为物体的后方，即存在"近后远前"的关系。

以上是看图、画图时运用的最基本的投影规律。

二、剖视图与剖面图的概念及表达方法

1. 剖视图

为揭示零件内部结构，用一假想剖切平面剖开零件，按投影关系所得到的图形称为剖视图。

1）全剖视图

用一个剖切平面将零件完全剖开所得的剖视图称全剖视图。

图 1–5a 中，外形为长方体的模具零件中间有一 T 形槽，用一水平面将零件的 T 形槽的水平槽完全切开，在俯视图画出的是全剖视图，如图 1–5b 所示。

全剖视图的标注，一般应在剖视图上方用字母标示剖视图的名称"×—×"，并在相应视图上用剖切符号表示剖切位置，注上同样字样的字母，如图 1–5 中俯视图所示。当剖切平面通过零件对称平面，且剖视图按投影关系配置，中间又无其他视图隔开时，可省略标注，如图 1–5 中左视图。

2）半剖视图

以零件对称中心线为界，一半画成剖视，另一半画成视图，称为半剖视图。

图 1–6 中的俯视图为半剖视图，其剖切方法如图 1–6 中立体图所示。半剖视图既充分地表达了零件的内部形状，又保留了零件的外部形状，需要同时表达对称零件的内外结构时，常采用此种方法。

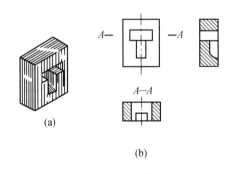

（a）

（b）

图 1–5 全剖视图

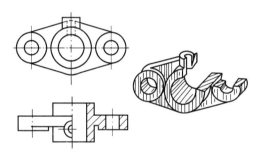

图 1–6 半剖视图

半剖视图的标注与全剖视图相同。

3）局部剖视图

用剖切平面局部地剖开零件，所得到的剖视图，称为局部剖视图。

图 1–7 所示零件的主视图采用了局部剖视图画法。局部剖视图既能把零件局部的内部形状表达清楚，又能保留零件的某些外形，其剖切范围可根据需要而定，是一种灵活的表达方法。

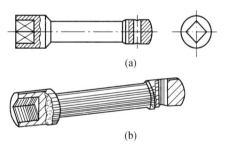

（a）

（b）

图 1–7 局部剖视图

局部剖视图以波浪线为界，波浪线不应与轮廓线重合（或用轮廓线代替），也不应超出轮廓线之外。

2. 剖面图

假想用剖切平面将零件的某处切断，仅画出断面的图形，称为剖面图。

1）移出剖面

画在视图轮廓之外的剖面称移出剖面。图 1–8 所示剖面即为移出剖面。

移出剖面的轮廓线用实线画出，断面上画出剖面线。移出剖面应尽量配置在剖切平面的延长线上，必要时也可画在其他位置。

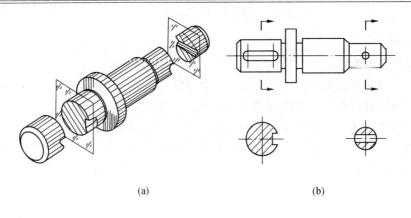

(a)   (b)

图 1 - 8   移出剖面

　　移出剖面的标注一般应用剖切符号表示剖切位置，用箭头指明投影方向，并注上字母，在剖面图上方用同样的字母标出相应的名称"×—×"。可根据剖面图是否对称，及其配置的位置不同作相应省略。

　　2）重合剖面

　　画在视图轮廓之内的剖面称重合剖面，如图 1 - 9 所示。重合剖面的轮廓线用细实线绘制。当视图中的轮廓线与重合剖面的图线重叠时，视图中的轮廓线仍应连续画出，不可间断。对重合剖面一般无需标注，仅当重合剖面图形不对称时，方用箭头标注其投影方向，图 1 - 9a 所示。

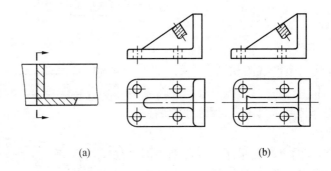

(a)   (b)

图 1 - 9   重合剖面

三、常用零件的规定画法及代号

　　在机器中广泛应用的螺栓、螺母、键、销、滚动轴承、齿轮、弹簧等零件称为常用件。其中整体结构和尺寸已标准化的常用件，称为标准件。

　　1. 螺纹的规定画法

　　（1）外螺纹。外螺纹的牙顶（大径）及螺纹终止线用粗实线表示；牙底（小径）用细实线表示，并画到螺杆的倒角或倒圆部分。在垂直于螺纹轴线方向的视图中，表示牙底的细实线圆只画约 3/4 圈，此时不画螺杆端面倒角圆，如图 1 - 10 所示。

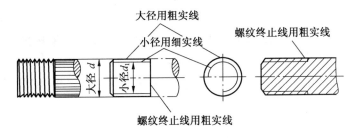

图 1-10 外螺纹规定画法

（2）内螺纹。图 1-11a 所示的螺孔剖视图中，牙底（大径）为细实线，牙顶（小径）、螺纹终止线为粗实线。不作剖视时，牙底、牙顶和螺纹终止线皆用虚线表示，如图 1-11b 所示。垂直于螺纹轴线方向的视图中，牙底画成约 3/4 圈的细实线，不画螺纹孔口的倒角圆。

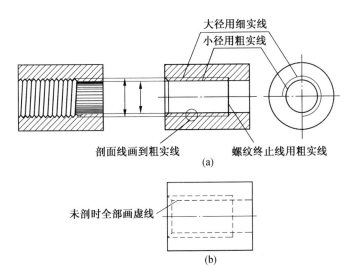

图 1-11 内螺纹规定画法

（3）内、外螺纹连接。国标规定，在剖视图中表示螺纹连接时，其旋合部分应按外螺纹的画法表示，其余部分仍按各自的画法表示，如图 1-12 所示。

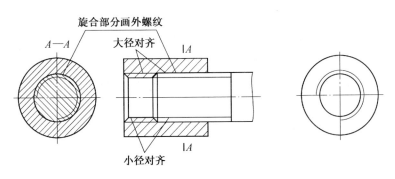

图 1-12 螺纹连接规定画法

2. 螺纹标记

螺纹采用规定画法后，为区别螺纹的种类及参数，应在图样上按规定格式进行标记，以表示该螺纹的牙型、公称直径、螺距、公差带等。

一般完整的螺纹标记由螺纹代号、螺纹公差带代号和旋合长度代号组成，中间用"—"分开。如：

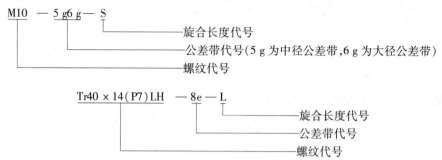

在标注螺纹时应注意：

（1）普通螺纹旋合长度代号用字母 S（短）、N（中）、L（长）或数值表示，一般情况下，按中等旋合长度考虑时，可不加标注。

（2）单线螺纹和右旋螺纹应用十分普遍，故线数和右旋均省略不注。左旋螺纹应标注"左"字，梯形螺纹为左旋长旋合长度时用符号"LH"表示。

（3）粗牙普通螺纹应用最多，对应每一个公称直径，其螺距只有一个，故不必标注螺距。

第二节　量具与公差配合

一、常用量具

1. 游标卡尺的结构、刻线原理和使用方法

1）结构

图 1 - 13 所示是分度值为 0.02 mm 的游标卡尺，它由刀口形的内、外量爪和深度尺组成，其测量范围在 0 ~ 125 mm。

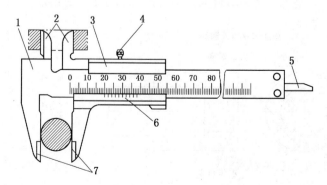

1—尺身；2—内量爪；3—尺框；4—紧固螺钉；5—深度尺；6—游标；7—外量爪

图 1 - 13　0.02 mm 游标卡尺

2）刻线原理

图 1 – 14 中，尺身 1 格为 1 mm，当两测量爪并拢时，尺身上的 49 mm 正好对准游标上的第 50 格，则

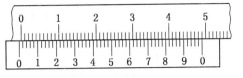

图 1 – 14 0.02 mm 游标卡尺刻线原理

$$游标每 1 格的值 = 49 \div 50 = 0.98（mm）$$
$$尺身与游标每 1 格相差的值 = 1 - 0.98 = 0.02（mm）$$

3）使用方法

（1）测量前应将卡尺擦干净，量爪贴合后，游标和尺身零线应对齐。

（2）测量时，测力以使两量爪刚好接触零件表面为宜。

（3）测量时，防止卡尺歪斜。

（4）在游标上读数时，避免视线歪斜产生读数误差。

2. 千分尺的结构、刻线原理和使用方法

1）结构

图 1 – 15 所示是测量范围为 0 ~ 25 mm 的千分尺，它由尺架、测微螺杆、测力装置等组成。

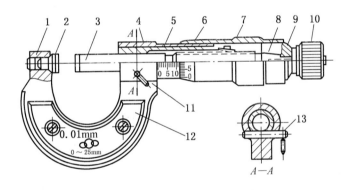

1—尺架；2—测砧；3—测微螺杆；4—螺纹轴套；5—固定套筒；6—微分筒；7—调节螺母；
8—接头；9—垫片；10—测力装置；11—锁紧机构；12—绝热片；13—锁紧轴

图 1 – 15 千分尺

2）刻线原理

千分尺测微螺杆上的螺纹，其螺距为 0.5 mm。当微分筒 6 转一周时，测微螺杆 3 就轴向移进 0.5 mm。固定套筒 5 上刻有间隔为 0.5 mm 的刻线，微分筒圆周上均匀刻有 50 格。

3）使用方法

（1）测量前，转动千分尺的测力装置，使两测量面接触，并检查是否密合，同时检查微分筒与固定套筒是否处于零位，如有偏差应调整固定套筒对零。

（2）测量时，用手转动测力装置，要控制测力，不允许用冲击力转动微分筒。千分尺测微螺杆的轴线应与零件表面垂直。

（3）读数时，最好不取下千分尺进行读数。如果需要取下读数，应先锁紧测微螺杆，然后轻轻取下千分尺，防止尺寸变动。

3. 百分表的结构、刻线原理和使用方法

1）结构与传动原理

图 1-16 中，百分表的传动系统是由齿轮、齿条等组成的。测量时，带有齿条的测量杆上升，带动小齿轮 Z_2，同轴的大齿轮 Z_3 及小指针也跟着转动，而 Z_3 又带动小齿轮 Z_1 及其轴上的大指针偏转。游丝的作用是迫使所有齿轮作单向啮合，以消除由于齿侧间隙而引起的测量误差。弹簧是用来控制测力的。

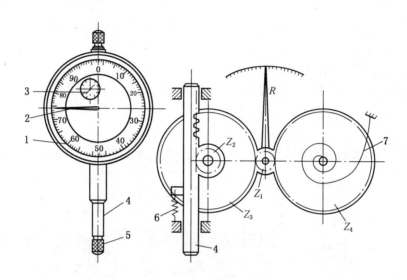

1—表盘；2—大指针；3—小指针；4—测量杆；5—测量头；6—弹簧；7—游丝

图 1-16　百分表

2）刻线原理

测量杆移动 1 mm 时，大指针正好回转一圈。而在百分表的表盘上沿圆周刻有 100 等分（格），则其刻度值为 $1 \div 100 = 0.01$（mm）。测量时当大指针转过 1 格刻度时，表示零件尺寸变化 0.01 mm。

3）使用方法

（1）测量前，检查表盘和指针有无松动现象，指针摆动是否平稳，指数是否稳定。

（2）测量平面时，测量杆应垂直零件表面；测量圆柱面时，测量杆轴线与圆柱轴线垂直相交。测量头与被测表面接触时，测量杆应预先留有 0.3~1 mm 的压缩量，保持一定的初始测力，以避免负偏差测不出来。

4. 万能角度尺的结构、刻线原理和使用方法

1）结构

图 1-17 所示是分度值为 2′ 的万能角度尺。在它的扇形板 2 上刻有间隔 1° 的刻度，游标 1 固定在底板 5 上，它可以沿着扇形板转动。用夹紧块 8 可以把角尺 6 和直尺 7 固定在底板 5 上，从而使可测量角度的范围在 0°~320° 之间。

2）刻线原理

扇形板上刻有 120 格刻线，间隔为 1°。游标上刻有 30 格刻线，对应扇形板上的度数为 29°，则

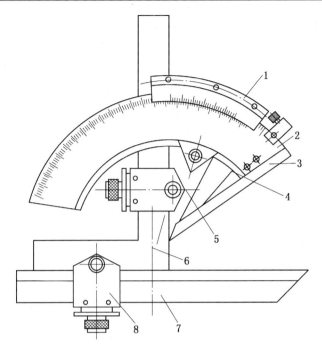

1—游标；2—扇形板；3—基尺；4—制动器；5—底板；6—角尺；7—直尺；8—夹紧块

图 1-17 万能角度尺

$$游标上每格度数 = \frac{29°}{30} = 58'$$

$$扇形板与游标每格相差的度数 = 1° - 58' = 2'$$

3）使用方法

（1）使用前检查零位。

（2）测量时，应使万能角度尺的两个测量面与被测件表面在全长上保持良好接触，然后拧紧制动器进行读数。

（3）测量角度在 0°~50° 范围内，应装上角尺和直尺；在 50°~140° 范围内，应装上直尺；在 140°~230° 范围内，应装上角尺；在 230°~320° 范围内，不装角尺和直尺。

二、公差配合

1. 尺寸公差

尺寸公差是指允许尺寸的变动量，简称公差。

2. 标准公差与基本偏差

（1）标准公差。国家标准表列出的用以确定公差带大小的任一公差。国标规定，对于一定的基本尺寸，其标准公差共有 20 个公差等级，即 IT01、IT0、IT1、IT2、…、IT18。"IT" 表示标准公差，后面的数字是公差等级代号。IT01 为最高一级（即精度最高，公差值最小），IT18 为最低一级（即精度最低，公差值最大）。

（2）基本偏差。确定公差带相对于零线位置的上偏差或下偏差，一般为靠近零线的那个偏差。国家标准中，对孔和轴的每一基本尺寸段规定了 28 个基本偏差，并规定分别用大、小写拉丁字母作为孔和轴的基本偏差代号，如图 1 - 18 所示。

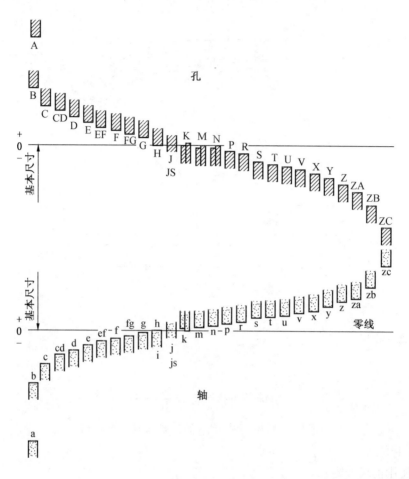

图 1 - 18   基本偏差系列

3. 配合与基准制

（1）配合。基本尺寸相同，相互接合的孔和轴公差之间的关系称为配合。配合有三种类型，即间隙配合、过盈配合和过渡配合。

（2）基准制。国家标准对孔与轴公差带之间的相互关系，规定了两种制度，即基孔制与基轴制。基孔制配合：基孔制中的孔称为基准孔，其基本偏差规定为 H，基本偏差值（即下偏差）为零。轴的基本偏差在 a～h 之间为间隙配合；在 j～n 之间基本上为过渡配合；在 p～zc 之间基本上为过盈配合。基轴制配合：基轴制中的轴称为基准轴，其基本偏差规定为 h，基本偏差值（即上偏差）为零。孔的基本偏差在 A～H 之间为间隙配合；在 J～N 之间基本上为过渡配合；在 P～ZC 之间基本上为过盈配合。

第二章　机械传动和液压传动基本知识

第一节　机械传动基本知识

一、机器和机构

（1）机器。机器就是人工的物体组合，它的各部分之间具有一定的相对运动，并能用来做出有效的机械功或转换机械能。

（2）机构。在机器中传递运动或转变运动形式（如转动变为移动）的部分，称为机构。如机器中的带传动机构、齿轮传动机构等。机构是机器的重要组成部分。通常所说的机械，是机构和机器的总称。

二、带传动

1. 平带传动的形式及使用特点

1）平带传动的形式

平带传动的形式见表 2 - 1。

表 2 - 1　常用平带传动的形式

平带传动的形式	开口式	交叉式	半交叉式
传动简图			

（1）开口式传动。用于两轴轴线平行且旋转方向相同的场合。

（2）交叉式传动。用于两轴轴线平行且旋转方向相反的场合。

（3）半交叉式传动。用于两轴轴线互不平行，呈空间交错的场合。

2）平带传动的使用特点

（1）结构简单，适宜用于两轴中心距较大的场合。

（2）富有弹性，具缓冲、吸振作用，传动平稳无噪声。

（3）在过载时可产生打滑，能防止薄弱零部件的损坏，起到安全保护作用，但不能保持准确的传动比。

（4）外部尺寸较大，效率较低。

2. V带传动特点与型号

V带的截面形状为梯形，工作面为两侧面，带轮的轮槽截面也为梯形。在相同张紧力和磨擦系数的条件下，V带产生的摩擦力要比平带大，所以，V带传动能力更强，结构更紧凑。应用较为广泛的为普通V带和窄V带。

我国普通V带和窄V带都已经标准化（如GB/T 1171、GB/T 11544、GB/T 3686、GB/T 3688）。截面尺寸由小到大，普通V带可分为Y、Z、A、B、C、D、E七种型号；窄V带可分为SPZ、SPA、SPB、SPC四种型号，在相同条件下，截面尺寸大，则传递的功率就大。

V带的型号和基准长度都压印在带的外表面上，供识别和选用，例如"A 1430 GB/T 1171"表示A型V带，基准长度为1430 mm。

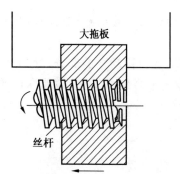

图2-1　车床的丝杠螺母传动

三、螺旋传动

螺旋传动是用内、外螺纹组成的螺旋副，传递运动和动力的传动形式。螺旋传动可把主动件的回转运动转变为从动件的直线往复运动。例如车床的床鞍，借助开合螺母与长丝杠的啮合，实现其纵向直线往复运动，如图2-1所示。转动刨床刀架螺杆可使刨刀上下移动；转动铣床工作台丝杠，可使工作台作直线移动等。

螺旋传动机械与其他将回转运动转变为直线运动的传动装置（如曲柄滑块机构）相比，具有结构简单、工作连续、平稳、承载能力大、传动精度高等优点；其缺点是由于螺纹之间产生较大的相对滑动，因而磨损大，效率低。

常用的螺旋传动机构有普通螺旋传动机构、差动螺旋传动机构和滚珠螺旋传动机构等。

四、齿轮传动

1. 齿轮传动的应用特点

齿轮传动是由齿轮副传递运动和动力的传动形式，如图2-2所示。当一对齿轮相互啮合工作时，主动轮 O_1 的轮齿（1、2、3…），通过啮合点法向力 F_n 的作用逐个地推动从动轮 O_2 的轮齿（1′、2′、3′…），使从动轮转动，从而将主动轴的动力和运动传递给从动轴。

1）传动比

图2-2所示的一对齿轮传动中，设主动齿轮转速为 n_1，齿数为 Z_1；从动齿轮的转速为 n_2，齿数为 Z_2。单位时间内两齿轮转过的齿数应相等，即 $Z_1 n_1 = Z_2 n_2$。由此可得一对齿轮的传动比为

$$i_{12} = \frac{n_1}{n_2} = \frac{Z_2}{Z_1} \tag{2-1}$$

式（2-1）说明一对齿轮传动比 i_{12}，就是主动齿轮与从动齿轮转速之比，等于主动轮、从动轮的齿数的反比。

【例】有一对齿轮传动，已知主动齿轮转速 $n_1 = 960$ r/min，齿数 $Z_1 = 20$，从动轮齿数 $Z_2 = 50$，试计算传动比 i_{12} 和从动轮转速 n_2。

解： 由式（2-1）可得

$$i_{12} = \frac{Z_2}{Z_1} = \frac{50}{20} = 2.5$$

从动轮转速

$$n_2 = \frac{n_1}{i_{12}} = \frac{960}{2.5} = 384 (\text{r/min})$$

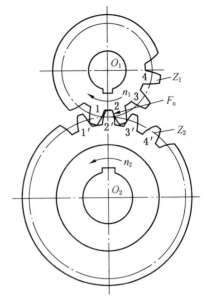

图 2-2 齿轮传动

2）应用特点

齿轮传动与螺旋传动、带传动等比较，有如下特点：

（1）能保证瞬时传动比恒定，平稳性较高，传递运动准确可靠。

（2）传递的功率和速度范围较大。

（3）结构紧凑，工作可靠，可实现较大的传动比。

（4）传动效率高，使用寿命长。

（5）齿轮的制造、安装要求较高。

2. 齿轮传动的常用类型

根据齿轮轮齿的形态和两齿轮轴线的相互位置，齿轮传动可以分为如下几类：

（1）两轴线平行的直齿圆柱齿轮传动、斜齿圆柱齿轮传动和人字齿轮传动。

（2）两轴线相交的直齿锥齿轮传动。

（3）两轴线交错的交错轴齿轮传动。

五、链传动

1. 链传动及其传动比

链传动是由一个主动链轮，通过链条带动从动链轮传递运动和动力的传动形式。链传动装置的结构如图 2-3 所示。

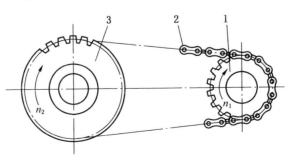

1—主动链轮；2—链条；3—从动链轮

图 2-3 链传动

链传动的传动比，是主动链轮的转速 n_1 与从动链轮的转速 n_2 之比，且等于两链轮齿数 Z_1、Z_2 的反比，即

$$i_{12} = \frac{n_1}{n_2} = \frac{Z_2}{Z_1} \tag{2-2}$$

2. 链传动的类型

链传动的类型很多，按用途不同，分为以下三类：

（1）传动链传动。在一般机械中用来传递运动和动力。

（2）起重链传动。用于起重机械中提升重物。

（3）牵引链传动。用于运输机械驱动输送带等。

3. 链传动的应用特点

当两轴平行，中心距较大，传递功率较大且平均传动比要求较准确，且不宜采用带传动和齿轮传动时，可采用链传动。

链传动传动比一般控制在 $i_{12} \leqslant 6$，推荐采用 $i_{12} = 2 \sim 3.5$，低速时 i_{12} 可达 10；两轴中心距 $5 \sim 6$ m，最大中心距可达 15 m；传递的功率 $P < 100$ kW。

链传动与带传动、齿轮传动相比，具有下列特点：

（1）与齿轮传动比较，它可以在两轴中心相距较大的情况下传递运动和动力。

（2）能在低速、重载和高温条件下及尘土飞扬的不良环境下工作。

（3）与带传动比较，能保证准确的平均传动比，传递功率较大，且作用在轴和轴承上的力较小。

（4）传递效率较高，一般可达 $0.95 \sim 0.97$。

（5）链条的铰链磨损后，齿距变大，易造成脱落现象。

（6）安装和维护要求较高。

第二节　液压传动基本知识

一、概述

液压传动是以液体为工作介质，传递动力和运动的一种传动方式。液压泵将外界所输入的机械能转变为工作液体的压力能，经过管道及各种液压控制元件输送到执行机构——液压缸或液压马达，再将其转变为机械能输出，使执行机构完成各种需要的动作。

二、液压传动的基本原理

液压传动借助于处在密封容器内的液体的压力来传递动力及能量。液体没有一定的几何形状，但却有几乎不变的体积。因此，当它被容纳于密闭的几何形体中时，就可以将压力由一处传递到另一处。当高压液体在几何形体内（如管道、液压缸、液动机等）被迫流动时，它就能将液压能转换成机械能。

三、液体静力学

1. 液体的压力

液体的压力是指液体在静止状态下单位面积上所受到的作用力。

$$p = \frac{F}{A} \qquad (2-3)$$

式中 p——压力，Pa；

　　　F——作用力，N；

　　　A——作用面积，m^2。

2. 静压力的传递——帕斯卡原理

加在密闭液体上的压力，能够均匀地、大小不变地被液体向各个方向传递，这个规律叫帕斯卡原理。

如图 2-4 所示，在两个相互连通的密闭的液压缸中装着油液（工作介质）。液压缸上部装有活塞，小活塞和大活塞的面积分别为 A_1 和 A_2。如果在小活塞上作用一外力 F_1，则由 F_1 所形成的压力为 F_1/A_1。根据帕斯卡原理，在大活塞的底面上也将作用有同样的压力 F_1/A_1。则作用于大活塞上的力 $F_2 = F_1A_2/A_1$。设 $A_2/A_1 = n$，则大活塞输出的力为 nF_1。两活塞的面积比 A_2/A_1 越大，大活塞输出的力也越大。

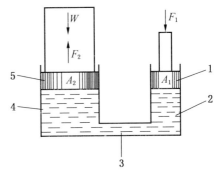

1、5—活塞；2、4—液压缸；3—油管

图 2-4 液压千斤顶示意图

四、液体动力学

1. 液流的连续性

液体的可压缩性很小，一般可忽略不计。因此，液体在管内作稳定流动（流体中任一点的压力、速度和密度都不随时间而变的流动）时，则在单位时间内流经管中每一个横截面的液体质量一定是相等的，这就是液流的连续性原理。如图 2-5 所示，液体在不等横截面的管中流动，设横截面 1 和 2 的直径各为 d_1 和 d_2，面积各为 A_1 和 A_2，平均流速分别为 v_1 和 v_2，两个横截面处液体的密度都为 ρ，根据液流的连续性原理，流经横截面 1 和 2 的液体质量相等。即

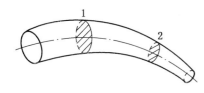

图 2-5 液流的连续性简图

$$\rho v_1 A_1 = \rho v_2 A_2 = \rho v A = 常量 \qquad (2-4)$$

式（2-4）称为液流的连续性方程式，若除以液体的密度 ρ，则

$$v_1 A_1 = v_2 A_2 = v A = 常量 \qquad (2-5)$$

或

$$\frac{v_1}{v_2} = \frac{A_2}{A_1} \qquad (2-6)$$

式（2-6）说明通过管内不同截面的液流速度与其横截面积的大小成反比，即管子细的地方流速大，管子粗的地方流速小。

流速 v 和横截面积 A 的乘积表示单位时间内流过管路的液体容积，即为流量，用 Q 表示。即

$$Q = v A \qquad (2-7)$$

式中　　Q——流量，L/min。

故液流连续性方程式也可写成

$$Q_1 = Q_2 = 常量 \qquad\qquad (2-8)$$

2. 液体流动中的压力损失

（1）液体在直径相同的直管中流动时的压力损失，称为沿程损失，主要由液体流动时的摩擦所引起。

（2）由于管道截面形状的突然变化（如突然扩大、收缩、分流、集流等）和液流方向突然改变引起的压力损失，称为局部损失。

第三章　部分采煤机械设备简介

第一节　双滚筒采煤机

双滚筒采煤机有两个滚筒，一个沿顶板采煤层中的上部煤，一个沿底板采煤层中的下部煤，因此能一次采全高，适应范围大，生产率高。

一、双滚筒采煤机的结构和传动特点

双滚筒采煤机的两个滚筒，通常分别布置在机身两端，如图 3 – 1a 所示，也可将两个滚筒都布置在一端，如图 3 – 1b 所示。后一种布置方式机身较短，灵活性较大，空顶面积小；缺点是机身偏重大，工作稳定性差，只能自开工作面一端缺口，而且在近机身中部的滚筒装煤效果差。前一种滚筒布置在机身两端，机器结构对称，稳定性好，装煤效果也较好，可自开工作面两端的缺口，进行穿梭式采煤，工作面产量大，因此现在各国基本上均采用这种布置形式的双滚筒采煤机。

双滚筒采煤机若只由一个电动机带动两个截煤部、一个牵引部，那么要求电动机功率较大，150 kW 算较小的，

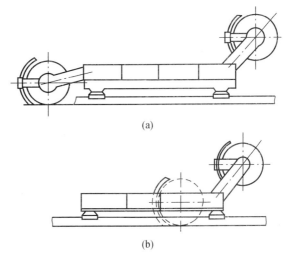

(a)

(b)

图 3 – 1　双滚筒采煤机

较大的有 200 kW，以至 300 kW 以上。当需要总功率在 300 kW 以上时，则多采用两个电动机各驱动一个截煤部（其中一个同时驱动牵引部），因此采煤机的电动机总容量就达到 2×150 kW、2×200 kW、2×300 kW 和 2×610 kW。现在为提高生产率，截割硬煤和夹石，有向更大功率发展的趋势。为了减少供电电缆的截面积，提高供电电压，对功率较小的采煤机采用的电压为 660 V，功率大的采用 1140 V，甚至已有 3300 V。双电机启动时，一个电机先启动，另一个延时启动，从而不致使供电网络的电压降太大。

为保证双滚筒采煤机具有良好的工作稳定性，使两个滚筒旋转方向相反，以适应装煤工作的需要。

滚筒旋转方向对截煤过程而言有两种：

（1）向下截煤的旋转方向。如图 3 - 2a 所示，截落的煤被滚筒上螺旋板向工作面输送机方向推送，大部分煤被螺旋板从滚筒轮毂下面带到滚筒后面，被挡煤板挡住，按自然安息角 φ 堆积。

（2）向上截煤的旋转方向。如图 3 - 2b 所示，截落的煤不断被螺旋板向工作面输送机方向推送，大部分煤按自然安息角 φ 堆积在滚筒前半部。

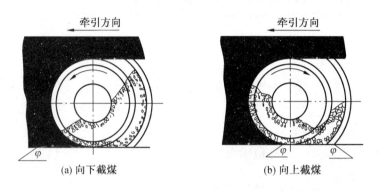

图 3 - 2　滚筒旋转方向与装煤关系示意图

　　向下截煤的旋转方向在装煤过程中二次破碎较严重，装煤能耗较大。双滚筒采煤机后滚筒不仅要截割前滚筒余留的底煤，而且应将这些煤连同前滚筒未装出的煤全部装入输送机。为了有较好的装煤效果，后滚筒一般定为向上截煤的旋转方向；又为了采煤机工作稳定性好些，前滚筒应为向下截煤的旋转方向。特别是有些双滚筒采煤机，取消了挡煤板，更应该这样安排滚筒的旋转方向，否则将会留下较多的煤在底板上，使推煤困难。

　　较薄煤层用的双滚筒采煤机，当后滚筒装煤出口被摇臂阻挡太多时，应采取与上述相反的滚筒旋向。

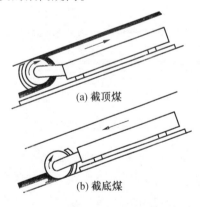

图 3 - 3　单滚筒采煤机工作情况

　　单滚筒采煤机的滚筒总是布置在机身沿工作面倾斜方向的下端。因为工作面输送机一般是沿斜向下运煤，滚筒装入输送机的煤可不经过机身就向下运走了。为了避免摇臂阻碍装煤，滚筒也可采取向下截煤的旋向，特别是当采煤机沿倾斜向上先截顶煤（图 3 - 3a），返回截底煤时，滚筒处在机身前面，旋转方向虽未变，但已变为向上截煤旋向了（图 3 - 3b）。由于此时顶部无煤，多了一自由空间，可截得块度较大的煤，能耗较小，摇臂也不阻碍装煤。

　　现以 MLS3 - 170 型双滚筒采煤机为例，说明双滚筒采煤机的主要结构和工作特点。

　　MLS3 - 170 型双滚筒采煤机（符号意义：M—煤矿；L—联合煤机；S—双滚筒；3—第三型；170—电动机功率为 170 kW）组成部分如图 3 - 4 所示。工作时，采煤机骑在输送机上牵引移动，前面的滚筒抬起，采煤层顶部的煤，后滚筒降低采底部煤并装完落在底板上的煤，因此可一次采全高，比单滚筒采煤工序简单。返回时，先将两个滚筒上下位置更换，并将弧形挡煤板绕滚筒翻转 180°，再返回采煤。

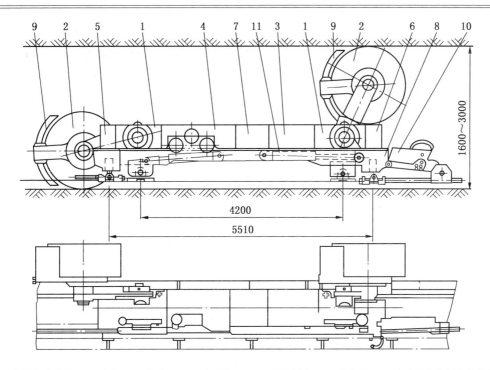

1—截煤部减速箱；2—滚筒；3—电动机；4—牵引部；5—电液控制箱；6—接线箱；7—有无线电控制接收机的
中间箱；8—底托架；9—挡煤板；10—防滑装置；11—滚筒调高液压缸

图 3－4　MLS3－170 型采煤机外形

现在通过分析 MLS3－170 型采煤机，来了解双滚筒采煤机传动系统的特点。如图 3－
5 所示，两个截煤部的传动系统是完全相同的，由于它们布置在机身两端，而由一个电动
机 8 驱动，其中一个截煤部（如图中所示左截煤部 4）是通过牵引部 5 内一过轴传动的。

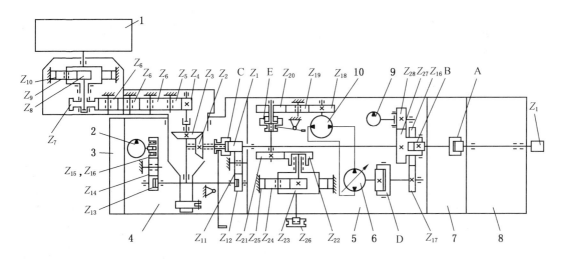

1—滚筒；2—轴向柱塞泵；3—电液控制箱；4—截煤部；5—牵引部；6—变量柱塞泵；
7—中间箱；8—电动机；9—辅助泵；10—定量柱塞液压马达

图 3－5　MLS3－170 型采煤机总传动系统

电动机 8 左端牵引部过轴上直齿轮 Z_1，插入齿轮离合器的内齿圈，经伞齿轮 Z_2、Z_3，摇臂内的齿轮 Z_4，4 个惰轮（Z_5 和 3 个 Z_6），齿轮 Z_7，再经一级行星齿轮减速机后，带动滚筒 1 旋转。直齿轮 Z_1 还能经惰轮 Z_{12}，齿轮 Z_{13}、Z_{14}，惰轮 Z_{15}，齿轮 Z_{16} 带动截煤部的轴向柱塞泵 2。此轴向柱塞泵是作为摇臂调高、机身调斜及翻转弧形挡煤板等液压传动装置供给高压油用的。电动机 8 右端出轴上齿轮 Z_1 是带动右截煤部用的。

二、双滚筒采煤机在综合机械化采煤工作面的工作情况

在工作面采煤、装煤、运煤及支护等一般机械化的基础上，进一步使工作面各个机械组成一个整体进行生产，在结构上相互有机地结合，动作上相互协调地工作，这就是综合机械化。

综合机械化采煤工作面机械设备配套情况如图 3－6 所示。

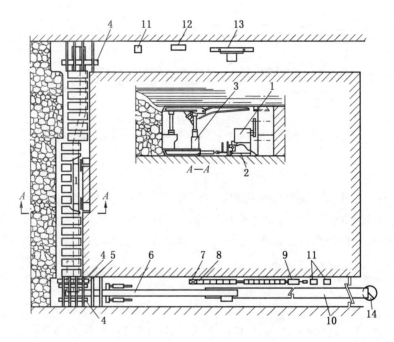

1—双滚筒采煤机；2—输送机；3—液压支架；4—锚固支架；5—端头支架；6—转载机；7—控制盘；
8—开头；9—乳化液泵站；10—可伸缩带式输送机；11—变压器；12—安全绞车；13—单轨吊车；14—煤仓

图 3－6　综合机械采煤工作面机械配套情况

双滚筒采煤机 1 完成落煤和装煤工作，采煤机所骑的输送机 2，是一种可弯曲的刮板输送机，由它将煤运出工作面，进入工作面运输巷转载机 6，由转载机将煤装到工作面巷道可伸缩带式输送机 10 上运走。工作面的支护机械，是一种可自移的液压支架 3，沿工作面全长布满，支护着顶板，随着采煤机采过后，液压支架一架一架前移，以支护新裸露出的顶板，后面的顶板则让其垮落。由液压支架上的千斤顶，将输送机推向新的煤壁，液压支架和推移千斤顶所需要的高压乳化液，由安置在工作面运输巷内的乳化液泵站 9 供给。当工作面倾斜角度较大，采煤机有自动下滑的可能性，则在工作面回风巷内装有防滑安全绞车 12，以此来牵制采煤机。一旦牵引锚链拉断，安全绞车就可牵制采煤机不至下

滑伤人和损坏机器。

双滚筒采煤机在工作面内的工作方法是一次采全高穿梭式采煤，并在两端自开缺口。

第二节　液　压　支　架

一、对液压支架的基本要求

采煤工作面中的液压支架应能有效地支撑和控制顶板，保护控顶区不致掉进岩石。一般对液压支架的要求如下：

（1）支架的型式与结构尺寸，应与顶底板岩石性质、煤层赋存条件和生产方式相适应。

（2）能有效地控制顶板，允许顶板有合理的下沉量，而又具有切顶作用。

（3）具有足够的强度和刚度，稳定性好，能承受一定的不均衡载荷和冲击载荷。

（4）移架方便，支架对底板的作用力应不使底座陷入底板。

（5）有良好的挡矸装置，以防止采空区矸石窜入工作面。在倾斜煤层和厚煤层中，应有相应的防倒、防滑和护帮装置。

（6）在保证有足够的空间用于布置设备、通风和行人的前提下，控顶距应最小。

（7）体积不应过大和笨重，结构紧凑，操作方便，易于拆装和维修，复用次数高。

二、液压支架的分类

按照支架和围岩相互作用以及维护回采空间的方式，液压支架一般可分为支撑式、掩护式和支撑－掩护式三类。

1. 支撑式支架

支撑式支架利用立柱与顶梁直接支撑和控制工作面的顶板，因顶梁长、载荷大，立柱也就多。立柱垂立，顶板岩石在顶梁后部被切断垮落，如图 3－7a、图 3－7b 所示。这类支架的特点是支撑能力较大，切顶性能好，适用于支撑中等稳定以上的顶板。

支撑式支架按结构与动作方式，主要分为垛式（图 3－7a）和节式（图 3－7b）两种。

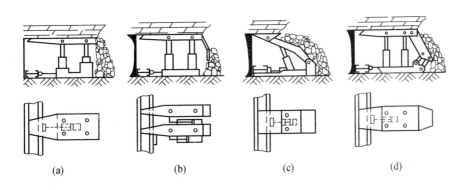

　　　(a)　　　　　　　(b)　　　　　　　(c)　　　　　　　(d)

图 3－7　各种液压支架

（1）垛式。垛式支架为一整体结构，整体移动。这种支架的支撑能力大，通常有4～6根立柱，支护性能较好，可以支撑坚硬与极坚硬的顶板，英美等国应用较多。

（2）节式。节式支架由2～4个框架组成。每处框架装有前后两根立柱和窄面铰接顶梁，其支撑能力不如垛式大，但其结构灵活，质量较小，便于移动，拆装方便，适用于支撑中硬顶板，但这种支架稳定性差。

2. 掩护式支架

掩护式支架是利用立柱、短顶梁支撑顶板，用一较大的掩护梁来防止岩石落进工作面，如图3-7c所示。其立柱较少，只有一排两根，甚至只有一根立柱，一般向煤壁前倾，掩护梁与冒落的岩石接触，故主要靠掩护作用来维持一定的工作空间。这类支架的优点是掩护性能和稳定性较好，调高范围大，对破碎顶板的适应性较强；缺点是支撑力小。适用于支护松散破碎的不稳定或中等稳定的顶板。

3. 支撑-掩护式支架

这类支架如图3-7d所示，其结构特点是具有支撑式的顶梁和掩护式的掩护梁。它兼有切顶性能与防护作用，适用于矿山压力较大、易于冒落的中等稳定或稳定的顶板。

根据移架方式，液压支架可分为整体自移式和组合迈步式两种。

（1）整体自移式。这类支架一般为整体结构，它的移动是以刮板输送机为支点实现自移的，移架与推溜共用一个千斤顶。该千斤顶装在液压支架底部，并与刮板输送机之间有直接或间接的连接关系，因而能以溜槽为支点实现移架，以支架为支点实现推溜。目前，多数液压支架采用此种移动方式。

（2）组合迈步式。这类支架是由有一定连接关系的主、副架所组成。主、副架互为支点，交替迈步移动。移架与推溜各有一个千斤顶，移架千斤顶的活塞杆与液压缸分别与主、副架相连。推溜千斤顶一端仅与支架相连，另一端呈自由状态，当支架固定时，就可以实现推溜。这种移动方式主要用于节式或两个垛式组合在一起而成的组合迈步支架。

按照用途和使用地点的不同，液压支架又可分为中间支架和端头支架。由于工作面中部与两端对支架的要求不同，因此支架的结构和作用也不一样。工作面与上下工作面巷道的连接处顶板悬露面积大，机械设备较多，又是人员的安全出口，这就要求端部支架不仅能有效支撑顶板，而且要与端部的各种设备相适应，有时要求能锚固运输设备不致下滑等，因此，端部支架在结构上是特殊的。

三、液压支架的工作原理

液压支架在工作过程中，不仅要可靠地支撑顶板，而且应能随着采煤工作面的推进，沿工作面走向向前移动。这就要求液压支架必须具有升、降、推、移四个基本动作，这些动作是利用泵供的高压液体，通过工作性质不同的几个液压缸来完成的。每架支架液压管路都与工作面主管路并联，有一个集中的泵站用作液压动力源，工作面的每架支架，形成各自独立的液压系统。其中液控单向阀和支架安全阀均安在支架内，操纵阀安在本架内时，其操作方式叫"本架操作"；若操纵阀装在相邻支架内，就叫"邻架操作"；也可几个支架组成一组，由一操纵阀来操作，叫"成组操作"；若由隔架安装的操纵阀操作，叫"隔架操作"。

第三节 刮 板 输 送 机

煤矿井下运输机械工作任务繁重，工作条件恶劣。特别是采掘工作面的运输机械，要求其主运动部件和工作机构（牵引构件及承载构件）强度高、刚度大、韧性好、耐磨损、抗腐蚀。根据这些要求，使用链条作为输送机的牵引构件比较合适。

啮合驱动链牵引的连续动作式煤矿运输机械有：主要用于采掘工作面及采区巷道的刮板输送机和板式输送机；主要用于采区巷道及运输大巷的平面可弯曲刮板输送机。

一、刮板输送机的工作原理及基本结构型式

我国煤矿缓倾斜煤层工作面约占 75% ，刮板输送机应用极广，数量颇大。又由于我国地质条件多样，为适应各种不同条件，工作面刮板输送机的型号甚多。目前使用较普遍的是配合机械化采煤使用的可弯曲刮板输送机。

不同类型的刮板输送机，其组成部件的结构型式和布置方式不尽相同，但其主部件是类似的。现以 SGW – 250 型刮板输送机为例来说明刮板输送机的主要构造。

SGW – 250 型刮板输送机由机头、机尾、机身三大部分组成，用于综采工作面时，沿机身每隔一定距离安设推移装置（与液压支架相连的液压千斤顶），它还装有液压紧链器和防滑锚固装置。与轻型刮板输送机只在机头部有一个驱动机构不同，它在机头、机尾各有一个驱动机构。

图 3 – 8 所示为 SGW – 250 型刮板输送机的传动系统图。绕过机头和机尾链轮，可进行循环运动的无极闭合刮板链条，由电动机经液力联轴器、减速器、驱动链轮带动而连续运转，将装在溜槽中的货载（煤炭）推运到机头处卸载。上部溜槽是输送机的重载工作槽，下部溜槽为刮板链的回空槽。

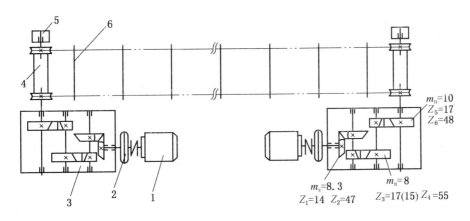

1—电动机；2—液力联轴器；3—减速器；4—链轮组件；5—盲轴；6—刮板链

图 3 – 8 SGW – 250 型刮板输送机的传动系统

刮板输送机在工作过程中，要克服刮板链及煤炭与溜槽间的滑动摩擦阻力，与相同运量的带式输送机比较，刮板输送机的电机容量和电耗大得多。但是它具有带式输送机所没

有的优点，如它的结构强度高，运输能力大；机身低矮，可以弯曲；能适应采煤工作面较恶劣的工作条件，并可作为采煤机的运行轨道，有的还可作为移置液压支架的支点；移动刮板输送机时，铲煤板可以清扫机道浮煤，挡煤板后面有安置电缆、水管、油管等的槽架，对这些管线起保护作用，推移输送机时，管线随之移动。所以，刮板输送机现在仍然是长壁式采煤工作面唯一的煤炭运输设备。

二、刮板输送机的适用范围和类型、系列

刮板输送机适用于煤层倾角不超过 25°的采煤工作面，但对于兼作采煤机运行轨道、机组配合工作的刮板输送机，当工作面倾角大于 10°时，要采取防滑措施。在采煤工作面运输巷和联络眼，也可以使用刮板输送机。可弯曲刮板输送机可与相应的采煤机、金属支架（或自移式液压支架）配套使用，构成采煤综合机械化装备。

刮板输送机的类型很多，按溜槽的布置方式可分为并列式和重叠式；按溜槽的结构，可分为敞底溜槽式和封底溜槽式；按牵引链条的结构，可分为片式套筒链、可拆模锻链及焊接圆环链；按链条数及其布置方式，可分为单链、双边链、双中心链及三链刮板输送机；按刮板与链条的连接、布置形式，则有悬臂式、对称式、中间式之分。各种类型的刮板输送机，随其运输能力及结构特点，适用于不同的工作条件，如并列溜槽式刮板输送机，适用于薄煤层工作面；封底溜槽式刮板输送机，适用于煤层底板较松软易破碎的工作面。

第四节　带式输送机

一、概述

带式输送机是一种摩擦驱动的连续动作式运输机械。它与啮合驱动的刮板输送机的原理、工作方式均不同，其结构及适用条件亦不同。

输送带是带式输送机的牵引构件，同时又是承载构件。整个环形封闭的无极输送带都支承在机架、托辊上，并绕过机头驱动滚筒和机尾换向滚筒以及张紧滚筒（有的机尾换向滚筒兼作张紧滚筒）。驱动滚筒和输送带之间是通过摩擦进行传动的。

二、工作原理

带式输送机的工作原理如图 3 - 9a 所示。输送带 1 绕经驱动滚筒 2 和机尾换向滚筒 3，形成一个无极的环形封闭带。上、下两股输送带都支承在托辊 4 上，拉紧装置 5 给输送带提供保证正常运转所需的张紧力。工作时，驱动滚筒通过摩擦力驱动输送带运行。货载装在输送带上与输送带一同运动。带式输送机通常利用上股输送带运送货载，并在输送带绕经机头卸载滚筒（有的将机头驱动滚筒兼作卸载滚筒）时进行卸载。利用专门的卸载装置也可在输送机中部任意点卸载。

带式输送机的机身横断面如图 3 - 9b 所示。上股输送带支承在槽形托辊上，以增大输送货载的断面积，提高输送能力；支承下股输送带的托辊为平直的。托辊内两端装有滚动轴承，转动灵活，运行阻力较小。

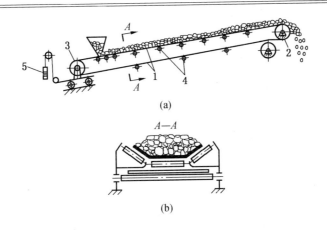

1—输送带；2—驱动滚筒；3—机尾换向滚筒；4—托辊；5—拉紧装置

图 3 - 9　带式输送机工作原理图

带式输送机具有优良的性能，运输连续，生产率高；运行工作阻力小，耗电量低，为刮板输送机的 1/5 ~ 1/3；可以运送矿石、煤炭、粉末状物料和包装好的成件物品；工作中噪声小，对货载的磨损及破碎小；单台带式输送机的运距可以很长，达到 10 km 以上。与刮板输送机比较，在同样输送能力及运距下，所需设备台数少，转载环节少，节省设备和人员，并且比较简单。但它的结构较刮板输送机复杂，输送带强度较低，不能承受大的冲击与摩擦，所以不适宜于采煤工作面运输。

近年来，由于综合机械化采煤工艺的迅速发展，工作面推进速度甚快。为了减少拆移带式输送机次数及工时，出现了可伸缩带式输送机，它已成为采煤综合机械化配套设备之一。其结构特点是，较普通型带式输送机多一套储带装置，可以实现机身快速伸缩。

随着煤炭工业的迅速发展，矿井运输量日益增大，在大型矿井的主要水平及倾斜巷道中，可以采用大功率、大运量、长运距带式输送机。但由于普通型的输送带强度较低，限制单台运距，因此采取了两种措施：一是降低输送带承受的张力，采用钢丝绳牵引式（以钢丝绳为牵引构件，输送带只作承载构件），或采用多点驱动的带式输送机；二是提高输送带强度，采用高强度输送带（如钢丝绳芯胶带）。

第二部分

初级煤矿机械安装工技能要求

▶ 第四章　40T 刮板输送机安装

第四章 40T 刮板输送机安装

第一节 主要结构特点及其性能

40T 型刮板输送机主要适用于工作面巷道输送煤炭，亦可用于薄煤层及中厚煤层炮采或机采工作面输送煤炭。

输送机主要由传动部、过渡槽、中部槽、刮板链、机尾及挡板系统组成。配套电器设备有 DSB - 40 型隔爆电动机、QC83 - 120D 型隔爆磁力启动器。

一、传动部

传动部是输送机的动力部分，如图 4 - 1 所示。传动部主要由电动机、减速器、连接罩、液力偶合器、传动链轮、机头架、拨链器、紧链器和盲轴等部件组成。带有法兰的连接罩将电动机、液力偶合器、减速器连成一个整体。减速器装在机头架任一侧，盲轴装在另一侧，减速器输出轴和盲轴的轴伸部分，从相对的机头架侧面伸入，与传动链轮相联接。须注意：两个链轮在装配时，其基准齿（齿形背面划有一 φ8 浅窝者）应对准，不得错开，以免两链轮牙错位，产生跳链。

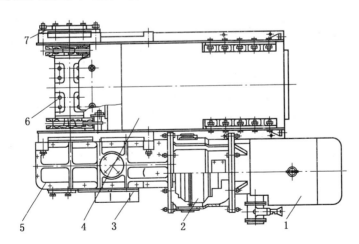

1—电动机；2—液力偶合器；3—紧链器；4—机头架；5—减速器；6—链轮；7—盲轴

图 4 - 1 传动部

输送机动力由电动机传给液力偶合器，经减速器带动链轮转动，刮板链装在中部槽的上、下槽中，在机头和机尾处绕过链轮和滚筒，构成封闭的无极链，链轮转动带动刮板链在中部槽内运动，完成输送煤炭的工作。

1. 减速器

减速器采用 JS – 40K 型，是由一对圆弧锥齿轮、一对斜齿轮、一对直齿轮组成的三级减速器，与输送机平行布置，其总减速比为 1∶24.564。为保证轴承正常运转，轴承轴向游隙应调整为第一轴不大于 0.06 mm，第二轴轴外端与轴承盖端面，第三、四轴均在 0.08～0.15 mm 之间。第一轴挡油环腔内注入 2/3 空腔的 2 号锂基润滑脂 GB 7324—2010，第四轴密封壳体空腔内注满 ZGN – 2 钙钠基润滑脂（SH/T 0368—1992），轮齿部分用 N460 号中负荷工业齿轮油润滑（GB 5903—2011），其注入量为淹没大弧齿锥齿轮齿宽。

减速器箱体为上下对称，可翻转 180° 使用，以适应井下左右工作面使用的需要。注意：不论在左或右工作面上使用，务必将透气塞装在减速器上部检查孔盖上，放油塞装在下部检查孔盖上。

2. 液力偶合器

液力偶合器型号为 YOXD – 400S，它主要由泵轮、透平轮和辅助室组成，以水为工作介质，具有较好的启动性能，是靠液体传递动力的机构。它的主要作用是：保护电动机和其他运动部件；均衡多电动机和传动系统中各电机负荷；减小启动电流，提高电机的启动能力；吸收振动，减小冲击。其结构形式、运行特性及使用要求详见其说明书。

3. 紧链装置

输送机采用的 MCS – 190 型摩擦紧链器，主要由紧链器罩、制动轮、闸带、摩擦偏心轮、弹簧、拉杆、套等组成。通过偏心轮和拉杆拉紧闸带来实现机器的制动，并与紧链挂钩配合，完成输送机的紧链工作。

4. 传动链轮

传动链轮由链轮、半滚筒、螺栓、螺母等零件组装而成。链轮采用优质合金钢模锻，其强度高、耐磨性好，使用寿命长。

5. 机头架

机头架是整体焊接结构件。传动链轮轴线孔即为安装减速器或盲轴的定位孔。机头架两侧定位平键，用以支承减速器的重量，两侧板上缘有插挂紧链钩的孔。机头架上还装有可拆卸的固定架、拨链器，用销轴将拨链器联接在机头架侧板与固定架之间。拨链器可使运动中的刮板链在链轮上的奔离点强制脱开链轮，以避免链轮"卷链"而造成事故。

6. 盲轴

盲轴主要由轴、油封、轴套、轴承座、压盖和轴承组成。420/40T 型的盲轴较 520/40T、620/40T 型的轴短些，520/40T 型与 620/40T 型盲轴完全一样。盲轴作用主要是支承传动链轮。

二、过渡槽（图 4 – 2）

过渡槽是为使刮板链从溜槽平缓运行到机头传动链板，在溜槽与机头架之间而设置的一种过渡槽体，它是一种两端高度不同的溜槽。

三、中部槽（图 4 – 3）

中部槽是输送煤炭的通道，又是刮板链的导轨。它由两根对称放置的槽帮和一块中板焊接而成，其槽帮采用 MT 149—1987《刮板输送机热轧矿用槽帮钢型式、尺寸》中 M18 槽帮钢。在中部槽一端焊有联接销。两槽帮外侧凹槽内各焊有两块板和一块联接板，用于安装挡板。中部槽相互间联接时，中部槽上的联接销插入相邻一节中部槽槽帮外侧凹槽内。

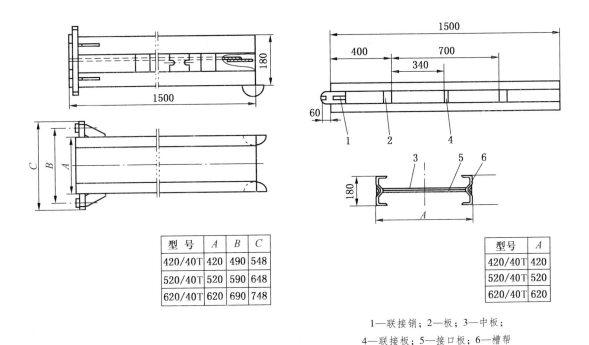

型　号	A	B	C
420/40T	420	490	548
520/40T	520	590	648
620/40T	620	690	748

图 4 - 2　过渡槽

型　号	A
420/40T	420
520/40T	520
620/40T	620

1—联接销；2—板；3—中板；
4—联接板；5—接口板；6—槽帮

图 4 - 3　中部槽

420/40T 型、520/40T 型、620/40T 型输送机的主要区别也即是它们的中部槽宽度不一样。

四、刮板链（图 4 - 4）

刮板链是输送机的运动部件。链轮转动带动刮板链在中部槽中运动完成运煤工作。每条刮板链由 4 条 960 mmϕ18 × 64 mm 圆环链、2 块 6.5 号轧制异形工字钢刮板、4 个连接环及 4 个螺栓、螺母、垫圈组成。

每条刮板链的刮板安装形式应符合图 4 - 5 的要求。圆环链立环的焊口朝上安装，平环焊口应朝向刮板链内侧。连接环凸起部分应向上，螺栓帽向着运动方向。

在输送机紧链时，需调整刮板链总长度。调节链用于调节输送机刮板链的长度，使刮板链的松紧程度适宜。

五、机尾（图 4 - 5）

机尾是刮板链运行时的返回导向装置，它由机尾架和机尾轴等部件组成。机尾架两侧的柱脚供支撑固定机尾时使用，机尾轴采用滚轮式结构。

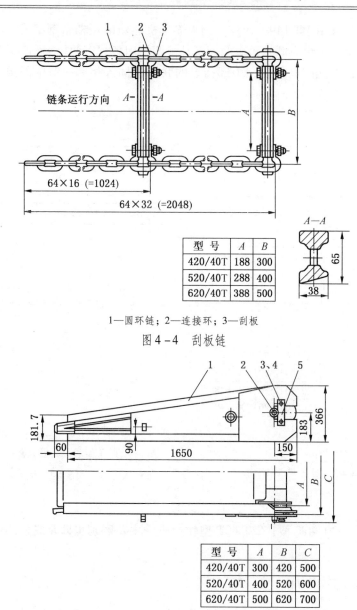

1—圆环链；2—连接环；3—刮板

图 4 - 4　刮板链

型　号	A	B	C
420/40T	300	420	500
520/40T	400	520	600
620/40T	500	620	700

1—机尾架；2—机尾轴；3—螺栓 M16×30；4—垫圈；5—卡板

图 4 - 5　机尾

第二节　安装与试运转

（1）在下井之前，机器应在地面安装试运转。并检查整机各零部件是否齐全，对运输过程中出现的零部件变形或损坏应予修复或更换。经检查确认各零部件完好后，机器方可下井。

（2）在机器下井之前，应确定好在工作面安装的顺序和装配组件的解体工作。

（3）在井下工作面安装前，应先将各零部件按安装顺序和装配位置分别编号，依次运至井下安装地点。随机附件及安装使用的工具以及各种联接零件应按规格品种分类带至井下安装地点。

（4）传动部的安装顺序：

①机头架与推移梁在安装地点联接好。

②减速器、连接罩、液力偶合器和电动机可先联接成一体，然后再与机头架相联接。也可以在减速器与机头架联接好后再安装连接罩、液力偶合器和电动机。减速器应安装在机头架采空区一侧，透气塞的位置应在减速器检查孔盖上。在装电动机时，要注意防止蹩弯减速器第一轴。

③在机头架另一侧链轮轴孔内安装盲轴。

④在减速器输出轴和盲轴轴伸上安装传动链轮。

⑤安装拨链器和舌板。拨链器与链轮、舌板与链轮滚筒均不许有摩擦现象。

⑥在靠采空区一侧的传动部减速器第二轴上安装紧链器，注意紧链操纵手把方向须朝上。

（5）安装过渡槽，并在下槽体内安装刮板链。注意刮板链的方向，其连接环上的螺母应朝向运行方向的后方。圆环链不许打扭，圆环链立环有焊缝的一边不得与溜槽中板接触。在机头的下链端头应接上二至数段长度适当的调节链，以便在紧链时，能顺利取下长出的链条。接链条时注意连接环上的螺栓必须拧紧。

（6）将刮板链从机头下底板上面穿过来，搭在机头链轮上，顺序接长下层刮板链，接好后将刮板链适当歪斜以能放入中部槽下口内为准，拉紧下链，使刮板链进入槽帮下腿内，按此顺序再接放中部槽、机尾，将下刮板链通过机尾后拉紧刮板链，刮板链绕过机尾链轮铺入中部槽上口内，逐渐接长直到机头处。

（7）当工作面倾角大于10°时，机尾处应采取防滑措施，倾角过大就应另行安装防滑装置。

（8）接上磁力启动器，接通电源，试转电机。

（9）在减速器箱体内注入 N460 号中负荷工业齿轮油（GB 5903—2011），在液力偶合器工作腔内注入水，其注入量应符合规定要求。

（10）张紧刮板链。紧链时一定要使用紧链钩和紧链装置，先将从机头架下面伸出的刮板链末端搭在机头链轮上，将紧链钩上两个相同的挂钩分别插入机头架两侧板的大孔内，而另一端挂钩分别插入刮板链同一距离的立环中，反车点动，将刮板链张紧，停车的同时立即拨动紧链器扳杆，使紧链器闸带抱紧减速器二轴上的制动轮，输送机处于安全的制动状态，然后去掉多余链条，将刮板链两端选装上适当长度的调节链，并用连接环连接刮板链两端环，便形成循环无极链，松开紧链器抱闸，再点开正车去掉紧链挂钩，即可试运转。观察链条张紧程度，张紧程度为刮板链在机头链轮下方稍有下垂为宜。要注意的是截链或接链时一定不要松动紧链器扳杆，否则会发生事故。

（11）装挡板时，先将挡板放在槽帮两侧，使挡板槽形钢与槽帮两侧的板对齐，然后用卡板卡在槽形钢和槽帮两边的板上，并用销轴和开口销固定。左右挡板用螺栓固定在过渡槽两侧板上。

（12）开车空运转 1～3 周，仔细检查刮板链安装是否正确，刮板有无刮卡现象，传动部运转是否正常。检查并调整各部分正常后，应开车连续空运转半小时，进一步检查安装中的问题，并进行调整与排除以达到正常，产品即可投入试用。

第三部分

中级煤矿机械安装工知识要求

第五章　煤矿固定设备简介

第一节　矿井提升设备

一、矿井提升设备的类型

矿井提升设备是矿井大型固定设备之一，它的任务是沿井筒提升煤炭（或矿石）、矸石，下放材料，升降人员和设备，因此它是地面和井下联系的纽带，在矿井机械生产中占有重要地位。

矿井不间断有节奏的生产，在很大程度上决定于提升设备的正常运转，它在运转中的可靠性，直接影响矿井工作人员的安全。因此要求提升设备必须运转准确、安全可靠，还要配备有性能良好的控制设备和保护装置。矿井提升设备是一套复杂的机械—电气机组。由于它的投资大、动力消耗大，为了降低煤炭成本，经济合理的选用是很重要的。

矿井提升设备根据其用途、组成及工作条件，可分为以下类别：

（1）按用途分为主井提升设备——专门提升有用矿物煤炭或矿石等，副井提升设备——提升矸石、下放材料、升降人员和设备等。

（2）按井筒倾角分为立井提升设备，斜井提升设备。

（3）按提升容器分为箕斗提升设备，罐笼提升设备。

（4）按提升机类型分为缠绕式提升设备，摩擦式提升设备。

（5）按拖动装置分为交流拖动提升设备，直流拖动提动设备。

二、矿井提升系统的分类

1. 立井单绳缠绕式提升系统

立井单绳缠绕式提升系统有箕斗提升系统及罐笼提升系统两种。

如图 5-1 所示为立井底卸式箕斗提升系统示意图。井下采出的煤炭运到井底车场翻笼硐室，经翻车机 8 将煤卸入井下煤仓 9 内，通过给煤机 10 将煤装入定量斗箱 11 中。定量斗箱的容积与箕斗载重相等，当装够箕斗载重时，压磁测重元件 12 就发出信号，使给煤机自动停止装煤。当空箕斗 4 下来时，用自动元件或机械装置使定量斗箱闸门打开，溜槽伸向箕斗进行装载。与此同时，另一钢丝绳带动重箕斗 4′ 的滚轮进入安装在井架上的卸载曲轨 5 内，箕斗闸门被打开将煤卸入地面煤仓。上下两个箕斗分别与两根钢丝绳 7 连接，而两根钢丝绳的另一端则通过井架上的天轮 2 引入提升机房，分别固定在提升机的两上滚筒上，从滚筒的上、下方出绳。开动提升机便带动滚筒转动，一根钢丝绳向滚筒上缠绕，另一根自滚筒上放出，即可将井下重箕斗上提，地面空箕斗下放，进行往复提升。

此外，还有一种立井普通罐笼提升系统，它与箕斗提升系统不同之处主要是采用的容器不同，因而装卸载方法也不同。井上没有卸载设备而装有承接设备（摇台或罐座），井下也没有装载设备只有承接装置，井口与井底车场罐笼通过人工或机械装卸矿车。这种提升系统主要用于副井，作为辅助提升，在小型矿井中也可作为主井提升。

2. 多绳摩擦提升系统

如图5-2所示，主提升钢丝绳4（四根或六根）搭在主导轮1的绳槽中，其两端分别与提升容器3相连接，提升容器的下端由两根尾绳5连接构成环形系统。当电动机带动主导轮转动时，由于钢丝绳与主导轮绳槽中的衬垫间产生摩擦力，带动钢丝绳运动，完成容器提升或下放工作。提升容器可以是箕斗，也可以是罐笼。多绳摩擦提升具有体积小、质量轻、安全可靠、提升能力大等优点，适用于较深矿井提升。

3. 斜井提升系统

斜井提升是通过提升机和提升钢丝绳带动矿车或箕斗在倾斜轨道上运行，完成提升任务。这种提升系统简单，初期投资少，投产快，是中小型矿井常见的提升方式。

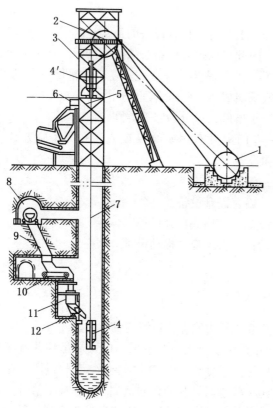

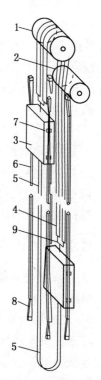

1—提升机；2—天轮；3—井架；4、4′—箕斗；5—卸载曲轨；
6—地面煤仓；7—钢丝绳；8—翻车机；9—井下煤仓；
10—给煤机；11—定量斗箱；12—压磁测重元件

图5-1　立井箕斗提升
系统示意图

1—主导轮；2—导向轮；3—提升容器；
4—主提升钢丝绳；5—尾绳；6—罐道；
7—罐耳；8—楔形罐道；9—连接装置

图5-2　多绳摩擦提升
系统示意图

第二节　矿井排水设备

一、矿水性质与矿井涌水量

煤矿井下的水，主要由各个岩层或煤层渗出。由于矿水在流动过程中溶解了各种矿物质，且矿水中含有一定数量的泥沙、煤屑等杂质，故矿水的重度较清水大，一般矿水重度 $r = 10000 \text{ N/m}^3$ 左右。井下水泵房及水仓，设于井底车场附近，涌水集中到此以后，由水泵经过排水管排到地面。为了防止水中的泥沙等杂质对水泵的磨损，通常须沉淀后才排出。有的矿水呈酸性，能腐蚀水泵、管路，同时也能腐蚀井下的各种机械设备和金属器材。矿水的酸碱程度用 pH 值表示，一般 pH ＞ 7 为碱性，pH = 7 为中性，当 pH = 4 ~ 6 为弱酸性，当 pH ≤ 3 时为强酸性。强酸性水对机械设备有强烈的腐蚀作用，使得水泵只能运转很短时间即被破坏，因此必须采取相应的处理措施。一种办法是，在排出前用石灰等碱性物将水进行中和，减弱其酸度后再排出地面；另一种办法是，采用耐酸泵排水，对管路也用涂沥青等方式进行防护。

矿井涌水量指的是每小时内浸入矿井的水量，单位为 m^3/h。矿井涌水量一般与矿区地形、气候、水文地质等条件有关。在一年内矿井涌水量随季节变化而变化，因此矿井涌水量有正常涌水量与最大涌水量之分。

《煤矿安全规程》规定，井下的主要排水，应当有工作、备用和检修三种水泵。其中工作水泵的能力，应当能在 20 h 内排出矿井 24 h 的正常涌水量（包括充填水及其他水）。备用水泵的能力，应当不小于工作水泵能力的 70%。检修水泵的能力，应当不小于工作水泵能力的 25%。工作和备用水泵的总能力，应当能在 20 h 内排出矿井 24 h 的最大涌水量。

对于大涌水量的矿井，排水所耗电量在全矿总耗电量中占很大比例，因此提高排水设备的运转效率，对于降低电耗有很大的意义。

二、煤矿使用的各种水泵

1. 离心泵

煤矿主排水设备一般使用离心泵，如图 5 - 3 所示为离心式水泵的示意图。水泵正常工作时，泵腔内必须充满水，由于工作轮旋转，其中的液体被带动一起旋转，液体受到离心力的作用而向四周流出，于是在工作轮入口处，因液体数量减少而形成负压，此时吸水池内的水即在大气压力作用下，克服吸水管的高度差以及各种阻力，沿吸水管而流进工作轮入口，因为工作轮不断地运转向外排水、入口处不断地形成负压，于是吸水池中的水不断地流来补充，维持水泵的正常排水。很明显，水是被大气压力压进水泵的。从叶轮排出的水，被泵壳收集、引导、进入排水管从而送到指定地点。

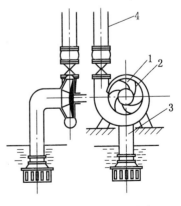

1—工作轮（叶轮）；2—叶片；
3—吸水管；4—排水管

图 5 - 3　离心式水泵示意图

离心泵的主要工作原理，是靠工作轮旋转时，叶片对水的作用力，向水传递能量，提高水的动能、势能。其主要优点是效率高、转数高、结构紧凑、体积小，且出水均匀，启动性能好，过负荷时不易损坏水泵，同时还能满足较大范围的流量、扬程的调节要求，在煤矿除作主排水使用外，在各种辅助工作中也多被使用。其主要缺点是受吸水高度的限制较大。

2. 往复泵

往复泵是靠曲轴、连杆机构，把电动机的旋转运动变为活塞的往复运动而排水的。如图 5 - 4 所示，当活塞向右运动时，工作室内造成负压，将水吸入；向左运动时，将工作室内的水经排水阀压入排水管。

由此可以看出，往复泵是靠容积作用进行周期性的排水，出水量有脉动现象，而且由于是往复运动，速度不能太高，流量受到限制。其主要特点是排水压力不受流量的影响，只受机械强度和电机功率的制约，吸水高度比离心泵高。活塞式往复泵多用于排清水；柱塞式往复泵则可用于排送含有泥浆的液体，在煤矿多用于清扫水仓等排送泥浆的场合。

3. 射流泵

射流泵又名喷射泵，其结构如图 5 - 5 所示。当高压水由喷嘴射出时，具有很高的速度，从而带动周围的介质（空气或水）随其一起运动，于是在混合室 4 内造成负压，形成吸水能力。吸进来的低速液体和喷嘴喷出来的高速液体，在混合室内混合，收缩段促进两部分液体充分混合，喉部一方面起进一步混合的作用，同时也起稳定作用，然后再由扩压管扩压，将一部分动能转化成为压力势能，以提高射流泵的效率。

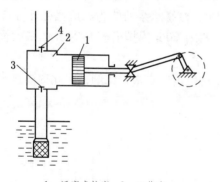

1—活塞式柱塞；2—工作室；
3—进水阀；4—排水阀

图 5 - 4　往复式水泵示意图

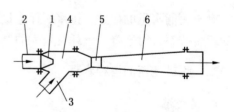

1—喷嘴；2—高压水管；3—进水管；
4—混合室；5—喉部；6—扩压管

图 5 - 5　射流泵示意图

射流泵的工作原理是靠高能量和低能量液体的混合，实现彼此间的能量传递作用，由于两股液体混合时，各液体微团的激烈冲击，因此能量损失很大，效率很低，一般只有15% ~20%。但是由于整个机械没有运动部件，结构简单，工作可靠，移动方便，不仅能排清水，也能排除含有泥砂等杂质的水，而且不怕吸入空气，因此可以用于井筒和下山掘进时的排水，能保持掘进工作面良好的工作环境，对提高工作效率有利，所以仍被广泛的使用。射流泵也能用于井底水窝排水和清扫水仓的沉淀物。目前广泛用于离心泵启动前注水，以实现无底阀排水，提高吸水高度和排水效率。

射流泵的另一个缺点是必须有高压水源才能工作。在无高压水源时，也可用压缩空气代替，但使用压缩空气时，不能用收缩型喷嘴，而必须使用缩放喷嘴。

第三节 矿井通风设备

一、概述

在现代化的煤矿中，通风机被称为矿井的肺脏，它与提升机、主水泵、矿井中央变电所一起被称为矿井四大要害部门。目前通风机种类很多、形式各异，但从其工作原理来看，不外乎离心式与轴流式两种。

由于煤层中不断渗出各种有害易燃气体，如甲烷（CH_4）、一氧化碳（CO）、硫化氢（H_2S）等，此外还有相当数量的二氧化碳（CO_2），所有这些，都对井下工作人员的健康和安全造成威胁。通风机的作用就是把这些有害气体从井下排出，使其浓度降到无害于人体的程度，以保证安全生产，同时还把地面的新鲜空气，送到井下供人们呼吸，并且能降低井下温度，创造良好的工作条件。由于通风机如此重要，故《煤矿安全规程》规定，必须安装 2 套同等能力的主要通风机装置，其中 1 套作备用，备用通风机必须能在 10 min 内开动。主要通风机应当有两回路直接由变（配）电所馈出的供电线路。

二、矿井通风系统

现代矿井大多使用抽出式通风系统，主通风机安装在风井口，如图 5-6 所示。由于污浊气体被抽出时，井下的空气压强降低，于是大气中的新鲜空气就通过进风井 1，源源不断地进入矿井。新鲜空气的风流，经过井底车场 2、石门 3、运输巷 4 进入工作面 5；井下的污浊气体则经过回风巷 6、出风井 7，沿风道 8 被风机排出地面，形成一个系统。

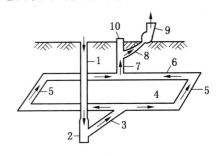

1—进风井；2—井底车场；3—石门；4—运输巷；5—工作面；6—回风巷；7—出风井；8—风道；9—通风设备；10—防爆门

图 5-6 抽出式通风系统图

因为风流经过井下各个巷道和工作面时，都会产生各种阻力损失，所以当最后进入通风机入口时，其压强已降到最低，低于大气压力，在这种情况下工作，习惯上称为负压通风。风机入口气流的压强与大气压的差值，称为总负压，可在机房内的 U 形水柱计上读出。

井下掘进工作面，一般采用压入式通风，局部通风机置于巷道外，用胶皮风筒把风引到工作面吹出，将工作面的污浊气体排出。

第四节 矿井压缩空气设备

一、压缩机在煤矿的应用

目前我国煤矿主要是利用压缩机产生的压缩空气，供井下风动工具使用。空气经过压缩以后，其压强增加，体积缩小，因而具有更大的能量，由压气管网送到井下各个工作面的风动工具处使用。目前煤矿使用的风动工具中，最主要的是风动凿岩机。它是以压缩空气做动力，将压气的膨胀做功转化为机械冲击能，从而在坚硬的岩石中打眼，以便爆破岩石。由于它是利用冲击作用作功来破碎岩石，因此机械本身结构简单，能耐振动冲击，工作可靠，特别是在坚硬岩石中，用压缩空气作动力凿岩，比直接利用电能凿岩效果要好得多。尽管利用压缩空气的效率比直接利用电能低很多，但在目前煤矿中，压缩空气仍作为一种动力被广泛地使用着。

如图 5 – 7 所示为煤矿压缩空气设备系统的简单示意图。空气由进气管 1 吸进，首先在空气过滤器 2 中把灰尘等滤去，然后进入低压缸 4，在低压缸中空气受到第一次压缩，体积减小，温度升高，接着进入中间冷却器 5，经冷却后温度下降，然后进入高压缸 6，进行第二次压缩，达到额定压强后，再送入压后冷却器 7，冷却以后进入风包，然后经压气管网 10 送入井下使用。风包有缓和压强波动、分离油水、储存压气等三个作用。安全阀的作用是防止压强过高产生危险。目前国内有一部分煤矿的压缩机不装设压后冷却器，由高压缸出来后直接送入风包。

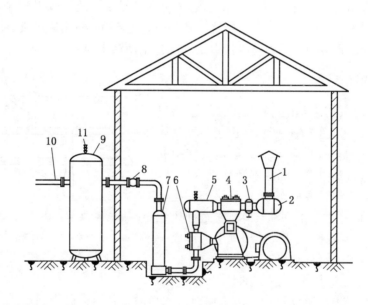

1—进气管；2—空气过滤器；3—调节装置；4—低压缸；5—中间冷却器；6—高压缸；
7—压后冷却器；8—逆止阀；9—风包；10—压气管网；11—安全阀

图 5 – 7　煤矿压气系统示意图

压缩机的排气压强，习惯上使用计示压强，即是实际压强减去大气压，煤矿使用的国产两级压缩机，几乎全是 8 个计示大气压即 0.8 MPa。压缩机的产量，以每分钟吸进的自由空气体积的立方米数表示，而不是以压缩后气体的体积表示。因为压缩机的排气压强，是按照使用压气设备的实际需要调节的，因此排气压强并不一定为其额定压强，而是随工作需要而变的。但是一定量的气体，当其压强变化时，体积也变化，因此如果用排出的高压气体的体积表示生产量，则随着使用压强的不同，生产量也会有相应的变化，这样很不方便。而外界自由空气的状态变化较小，因此压缩机的生产量，用吸进的自由空气的体积来表示。

二、往复式压缩机的分类

往复式压缩机可按不同特点进行分类，最常用的有下面几种：

（1）按压缩次数分为单级压缩、两级压缩和多级压缩。

（2）按活塞每往复一次气缸内吸气次数分为单作用式、双作用式、差动作用式。

（3）按气缸数目分为单缸、双缸和多缸。

（4）按气缸排列型式分为立式、卧式和角度式（又细分为 L 型、V 型、W 型等）。

（5）按冷却方式可分为水冷式与风冷式。

（6）按压气的压强分为低压（0.8 ~ 1 MPa）、中压（1 ~ 8 MPa）、高压（8 ~ 100 MPa）。

（7）按供气量分为小型（10 m^3/min 以下）、中型（10 ~ 30 m^3/min）、大型（30 m^3/min 以上）。

（8）按轴转数分为低速（200 r/min 以下）、中速（200 ~ 450 r/min）、高速（450 ~ 1000 r/min）。

（9）固定式及移动式。

目前我国煤矿大多使用固定式两级双缸双作用水冷 L 型压缩机，简称为"L"型压缩机。主要使用的型号有 3L － 10/8、4L － 20/8、5L － 40/8、7L － 100/8 等几种，其中 10、20、40、100 表示压缩机的生产量（单位为 m^3/min），8 表示排气压强为 8 个大气压（约为 0.8 MPa）。图 5 － 8 所示为两级压缩机的几种主要结构型式。

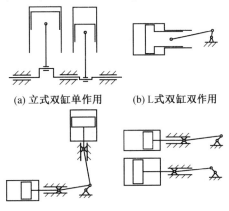

(a) 立式双缸单作用　　(b) L 式双缸双作用

(c) 卧式单缸差动作用　　(d) 卧式双缸双作用

图 5 － 8　两级压缩机的主要结构型式

第六章　密封技术基础

第一节　密封技术简介

起密封作用的零部件叫密封件（简称密封）。较复杂的密封，特别是带有附属系统的，叫密封装置。

一、密封的作用与对密封的要求

1. 密封的作用

密封性能是评价机械产品质量的一个重要指标。设备中工作介质泄漏，会造成物资浪费并污染环境。易燃、易爆、剧毒、腐蚀性物质泄漏会危及人身及设备的安全。环境中的气、尘、泥、水漏入机器内会使轴承、齿轮等过早磨损报废或影响产品的质量。流体机械的内部泄漏会影响容积效率。采掘机械特别是综采设备泄漏，会造成机械性能下降或非计划性的停产。

2. 对密封的要求

（1）密封材料与被密封件间的摩擦系数应尽可能小，以减少摩擦功和摩擦热。

（2）密封材料与被密封的介质应有良好的配合性，否则密封材料会过早变形老化而失去密封作用。

（3）能满足所规定工作条件（载荷、速度、温度等）对密封提出的要求。

（4）密封装置的寿命应尽可能与被密封件的寿命相同，如不能保证相同，应列入日常维修项目中（密封的检查和更换）。

二、密封方法的分类及特点

为适应各种设备、各种结构、各种用途的需要，人们设计了各种不同类型的密封，按其与结合面间的接触状态可分为静密封与动密封。相对静止的结合面（即密封面）间的密封，称静密封；相对运动的结合面间的密封，称动密封。其基本类型及特点见表6-1。

三、密封用材料

密封可用材料很多，归纳起来可分为四类，即纤维及弹塑性材料、减磨及抗磨材料、金属及非金属材料、油脂及固体润滑剂。部分密封材料的具体用途与特点见表6-2。

表6-1 密封面的基本类型与特点

类型	简 图		特 点
接触型密封			密封面将软质垫片或填料压紧，使之产生弹塑性变形，以填塞密封面上的不平，消除间隙 密封面上接触带较宽，比压分布均匀 对加工精度要求不高，成本低廉，但耐拆次数及寿命均较低
			由两个曲率不同的精密成型表面相接触，构成闭合的接触线（一般是圆），靠接触面上材料的微小弹性变形来填塞密封面间的不平之处 密封带极窄，弹性变形量很小，补偿能力小，耐多次装拆，适于高压、高温、重负荷密封 要求制造精度高
	研合密封 分子膜 ~5 μm		精密研磨的平面、圆柱面或锥面靠外力压紧密封，不产生明显的弹性和塑性变形。密封间隙主要取决于研磨精度，依工件尺寸大小不同，密封间隙可从分子膜厚至 5 μm 量级 阻漏机理：微间隙密封与固体表面的吸附力和液体的表面张力有关；小间隙密封的防漏机理为流体阻力效应 研合密封多用于高参数的动密封与静密封
		(a) (b)	密封间隙受两种因素控制：密封力的作用使密封间隙趋向缩小，甚至接触；面间隙中的流体压力使间隙趋向扩大，两种因素互相制约共同调节密封的工作间隙 根据控制间隙的力的性质分静压式和动压式，此外还有外控式（利用调节阀原理调节间隙）和热胀冷缩控制式等 密封间隙在 0.5 ~ 10 μm 范围以内，适用于高压、高速机械，尚可实现气体润滑
非接触型密封	10~50 μm		利用光滑间隙对流体阻力限漏。因间隙较小，为防擦碰，要借助于润滑膜的动压力维持间隙。间隙通常在 10 ~ 50 μm 的范围内，能用于高速、高压机械

表6-1（续）

类型	简　图	特　点
非接触型密封	$10 \sim 100.0\mu m$	气体通过密封齿和膨胀空腔，因节流、膨胀和涡流摩擦消能、降压，接近于等焓膨胀过程 间隙大，无磨损，不需润滑，寿命长，不受温度、速度限制，是极间密封的基本形式
	$5 \sim 500\mu m$　ω	密封间隙内有小型动力元件，运转时能对流体做功产生压头，以克服泄漏 无磨损，寿命长，泄漏少，但停车时无密封能力，如需保压，须辅以停车密封

注：F_e—密封力；p_j—静压；p_d—动压；q—充压孔；v—相对速度。

表6-2　密封材料的用途与特点

类　别		材　料	用　途	特　点
纤维	植物纤维	棉、麻、纸、软木	垫片、软填料、防尘密封件、夹布橡胶密封件	具有低的弹性模量和泊松比，在较低密封力作用下，就能获得较好的密封效果
	动物纤维	毛、毡、皮革	垫片、软填料、成型填料、油封、防尘密封件	
	矿物纤维	石棉	垫片、软填料	
	人造纤维	有机合成纤维、玻璃纤维、石墨纤维、陶瓷纤维	软填料、夹布橡胶密封件	
弹塑性体材料	橡　胶	合成橡胶、天然橡胶	垫片、成型填料、油封、软填料、防尘密封件、全封闭密封件	
	塑　料	氟塑料、尼龙、聚乙烯、酚醛塑料、氯化聚醚、聚苯醚、聚苯硫醚	垫片、成型填料、油封、软填料、硬填料、活塞环、机械密封、防尘密封、全封闭密封件	
	密封胶	液态密封胶、厌氧胶	垫片、导管连接、螺纹密封	
无机材料	碳石墨	焙烧碳、电化石墨	机械密封、硬填料、动力密封、间隙密封	具有耐磨、减磨及较高的〔PV〕值等摩擦学特性，并具有良好的耐热，耐寒特性及较高的导热系数，可以组对成硬质摩擦
	工程陶瓷	氧化铝瓷、滑石瓷、金属陶瓷、氮化硅、硼化铬		
金属	有色金属	铜、铝、铅、锌、锡及其合金	垫片、软填料、机械密封、迷宫密封硬填料、间隙密封	

表6-2（续）

类 别		材 料	用 途	特 点
金属	黑色金属	碳钢、铸铁、不锈钢、堆焊合金、喷涂粉末	垫片、机械密封、硬填料、活塞环、间隙密封、动力密封、防尘密封、全封闭密封件、成型填料	副而在较高的速度和压力条件下工作
	硬质合金	钨钴硬质合金、钨钴钛硬质合金、钢结构硬质合金	机械密封	
	贵金属	金、银、铟、钽	高真空密封、高压密封、低温密封	

注：油脂及固体润滑剂用于密封系统及作为软填料的浸渍剂和添加剂。

第二节 静密封技术简介

一、静密封的用途及类型

1. 用途

静密封广泛用于管道的连接、压力容器及传动装置的结合面的密封中。

2. 类型

静密封的种类很多，但大多数为接触密封。其类型、特点及应用范围见表6-3。

表6-3 静密封的类型、特点及应用

名 称		简图及材料	原理与特点	使用条件
非金属	矩形橡胶垫圈		依靠垫片或密封面的弹性变形，把密封面上的微小不平处填满，达到密封目的。如透镜式的密封垫和矩形橡胶垫圈密封，密封面上不平处，主要是由垫片的塑性变形来填满而达到密封的目的等	在橡胶规定范围内，适用于各种介质及各种机械设备中，起减振、缓冲和密封作用
	油封皮圈	工业用皮革		适用于螺塞紧密处密封
	油封纸圈	石棉橡胶板		适用于不经常拆卸的螺塞紧密处的密封
非金属和金属复合件（半金属）	夹金属丝网石棉平垫片	金属丝网石棉垫	把金属丝网包在石棉垫之中	金属丝网增强石棉的强度，用在高温、高压的场合
	金属石棉交织平垫片	金属丝和金属石棉丝	金属丝网和金属石棉丝编织而成	耐高压、高温（不会烧坏），用在内燃机的气缸盖等处
	金属板夹石棉平垫片	钢板、石棉	在薄钢板的两面冲爪，并压上石棉	用在高温的水、油、气体中

表6-3（续）

名　称		简图及材料	原理与特点	使用条件
非金属和金属复合件（半金属）	金属包垫片	白铁皮（镀锡薄钢板）、软钢、铜、铝、石棉橡胶板、石棉板	外表为金属板，将石棉橡胶板或石棉板包起来	用于高温、高压的场合
	缠绕垫片	(a) 带定位圈 (a) 不带定位圈 镀锌08钢、镀锌15钢、0Cr13、石棉板、石棉橡胶板	钢带缠绕在石棉橡胶板和石棉板之外	用于高温、高压的场合
	平垫圈	紫铜、铝、铅		同非金属的平垫片，但适用在高温、高压的场合
	波形垫片	铜、铁、铝、镍	在金属板上压成同心圆的波形，使它具有弹性。二层波形的势片，其一层的内外径稍为凸出，包着另一层的四周	用于3 MPa左右蒸汽气体密封。二层波形的垫片，使用法同平垫片
	锯齿形垫片	10.1Cr13	在软铁板上，精密切削加工出锯齿形同心圆，齿的尖端接触在法兰面上，在螺栓紧固压力下，产生高的接触应力	用在高压处，以防泄漏
金属	透镜式密封垫	10.1Cr13		用在高压、高温处，以防泄漏，压力：6.4～20 MPa 温度：10钢≤450 ℃ 1Cr13≤530 ℃
	环形垫圈	铁、软钢、软铝、蒙乃尔、4%～6%铬钢、不锈钢、铜	金属材料断面为八角形和"O"形，安装在沟槽中使用	适用于防止高压、高温气体泄漏
			尖端上的紧固力很容易产生高压的接触力	用于压力30 MPa左右的压缩空气导管比较小的管径、管接头上，垫圈的上面
				压入高温、高压的蒸汽阀的阀体和阀之间进行密封，对于防止压力为13 MPa的过热蒸汽的泄漏是有效的

表6-3（续）

名 称	简图及材料	原 理 与 特 点	使用条件
液体垫圈	酚醛树脂 环氧树脂 氯丁橡胶 丁腈橡胶	将有一定的黏度和流动性的液体，涂在紧压的两个面上，完全填平接缝处的细微凹凸处并形成一层薄膜。液体在受压二面中间形成的薄膜被压得愈紧，它的流动就愈困难，承受内压的本领就愈大，故有效地起到密封作用 对密封材料要求： 1. 有一定的黏度，而黏度在使用的温度范围内不能有太大的变化 2. 分子间有一定的吸引力（一定的内聚力） 3. 对金属有一定的黏着性，能吸附在金属表面而不容易流动，对金属无腐蚀性 4. 与被密封的介质不相互溶解 这种密封耐压性好，对金属表面的加工精度要求比较低，可减少螺栓数目，降低设备成本	用在汽车、船舶、机车、农业机械、压缩泵、液压泵、管道以及电机、发电机等制品的平面法兰连接、丝扣连接、承插连接等

二、垫片安装的技术要求

1. 安装前的检查工作

（1）检查法兰的型式是否符合要求，密封面是否光洁，有无机械损伤、径向刻痕、严重锈蚀、焊疤、物料残迹等缺陷，如不能修整时，应研究处理办法。

（2）对螺栓、螺母应进行下列检查：材质、型式、尺寸是否符合要求；螺母在螺栓上转动应灵活，但不应晃动；不允许有斑疤、毛刺、断、缺及弯曲等现象。

（3）对垫片应进行下列检查：材质、型式、尺寸是否符合要求；垫片表面不应有机械损伤、径向刻痕、严重锈蚀、破损等现象。

（4）安装垫片前，应检查管道及法兰的安装质量，检查项目见表6-4。

表6-4 安装垫片前检查管道与法兰质量要求

项 目	质 量 要 求
偏 口	两法兰偏斜值：非金属垫片，应小于2 mm；半金属垫片及金属垫圈与设备连接的法兰，应小于1 mm
错 口	能用手将螺栓在螺孔内自由转动与出入
张 口	管法兰的张口应小于3 mm，与设备连接的法兰应小于2 mm
错 孔	螺栓孔中心圆半径偏差允许值： 螺栓孔直径≤30 mm时，±0.5 mm；螺栓孔直径>30 mm时，±1 mm；相邻两螺栓间弦之距离的允许偏差为±0.5 mm；任意几个孔之间弦距的总误差为：当$D \leq 500$ mm的法兰时为±1 mm，$D = 600 \sim 1200$ mm的法兰时为±1.5 mm，$D \leq 1800$ mm的法兰为±2 mm

2. 垫片的制造要求

制作垫片除应按有关标准要求外，作非金属垫片时应符合以下要求进行：

（1）应用专门的切削工具，工作台无缺痕。

（2）异形垫片应预先制一个样板，然后按样切制。

（3）不允许用焊接或拼接的办法制作垫片。

（4）垫片的内径应大于法兰的内径，以免被介质冲蚀、泡胀或裂口。

3. 安装垫片的要求

（1）垫片应装在工具袋内，随用随取，不允许随地乱放。石墨涂料放在带盖的盒内，防止混入泥砂。

（2）两法兰必须在一中心线上且平行。不允许用螺栓或头钢钎插在螺孔内校正法兰，以免使螺栓应力过大。两法兰间只准加一个垫片，不允许用多加垫片的办法来消除两法兰间隙过大的缺陷。

（3）安装前应仔细清洗密封面（线）。

（4）垫片必须装正，以保证受力均匀，也避免垫片伸入管内受介质冲蚀及引起涡流。鳞状石墨涂料、石墨可用少量甘油或机油调和。金属包石棉垫片、缠绕式垫片及已涂有石墨粉的橡胶石棉板表面不需再涂石墨粉。异形截面金属垫圈也应涂石墨粉。

（5）安装螺栓及螺母时，应将打有钢印的一端放于易检查的一侧，两端涂石墨粉保护。凡法兰背面粗糙的，在螺母下面加一光垫圈，以免螺栓弯曲。为保证垫片受压均匀，拧紧螺栓时应分 2～3 次，当螺母在 M22 以下时，用力矩扳手；螺母在 M27 以上时用风动扳手或液压扳手。

（6）凡介质温度在 300 ℃以上的螺栓，除在安装时紧固外，当介质温度上升时，还需进行热紧。

第三节　动密封技术简介

一、动密封的用途及类型

1. 用途

为保证轴或其他摩擦副间作相对运动，必留有间隙，有间隙就有可能产生泄漏，动密封则是用以防止设备内部介质向外泄漏，或防止设备外部污染物侵入，或作设备内部两种不同介质的隔离。

2. 类型、特点及应用范围

动密封既有接触型，也有非接触型的。一般来说，接触型密封较严密，但因受摩擦、磨损限制，适用于密封面线速度较低的场合，若采用有效的润滑与冷却措施，也可用于较高的线速度场合。

非接触型的动密封可分为弹性和非弹性两类。弹性动密封是用高分子材料制成的，非弹性动密封是用金属、石墨等非弹性材料制成的。非弹性动密封又分为流阻型与动力型（动密封）两类。流阻型包括间隙密封与迷宫密封；动力型密封靠动力元件产生压头抵消密封两侧的压力差以克服泄漏。动密封的种类、特点及应用见表 6-5。

表6-5 动密封的种类、特点及应用

名　称		简图及材料	原理与特点		使　用　条　件
接触式密封	填料密封	毛毡密封 毛毡	在轴与壳体之间充填弹性材料，以堵塞漏出间隙，达到密封目的	在壳体槽内填以毛毡圈，毛毡具有天然弹性，呈松孔海绵状，可贮存润滑油。轴旋转时，毛毡又将润滑油从轴上刮下反复自行润滑	一般用于低速、常温、常压的电机、齿轮箱等机械中，用以密封润滑脂、油、黏度大的液体及防尘，但不宜用于气体密封 适用的转速： 精毛毡：$v_c \leqslant 3$ m/s 优质细毛毡：$v_c \leqslant 10$ m/s 温度≤90 ℃；压力一般为常压
		压盖填料密封（盘根） $30°\sim40°$　H　d_0　L 浸油石棉、橡胶石棉、棉纱、夹布橡胶、橡胶环、涂石墨的石棉、铝箔包石棉、铅丝的金属编织物等			用作液体或气体介质的密封，广泛用于各种泵类（如水泵、真空泵等） 根据盘根材料及结构不同，可用在不同压力（1.2 MPa 左右）、温度（250 ℃左右）和速度（一般<6 m/s）中
		成型填料密封 橡胶、聚氨酯弹性体	在环槽中放置橡胶圈。摩擦力小，成本低，所占空间小，用在低速（≤3 m/s）中		适用于往复运动、旋转运动和固定密封，压力≤32 MPa，温度为 −20～90 ℃
					适用于各种机械设备中，常用于液压缸、活塞杆或活塞密封。用在矿物油、水及气体介质中
	皮碗密封	皮碗密封 橡胶、皮革、塑料、其他弹性材料	利用皮碗的唇口与轴接触，遮断泄漏间隙，达到密封目的 皮碗设计最关键是唇口设计和弹簧力的选择。皮碗分有骨架与无骨架、有弹簧与无弹簧		常用于液体密封，尤其广泛用于尺寸不大的传动装置中密封润滑油，也用于封气或防尘。多尘皮碗专用于灰尘、泥水、砂石较多的场合 根据材料不同，用在不同条件下： 橡胶皮碗：轴光洁度为 ∇，$v_e \leqslant 3$ m/s，∇，$v_e = 3\sim5$ m/s；∇，$v_e > 5$ m/s

表 6-5（续）

名　称		简图及材料	原理与特点	使　用　条　件
接触式密封	皮碗密封			皮革皮碗：不如上者，v_c ≤10 m/s，温度≤110 ℃ 　合成橡胶皮碗：v_c ≤20 m/s 以下，温度≤150 ℃ 　聚四氟乙烯塑料皮碗：用在磨损厉害的场合，寿命较长，但成本高。使用压差在0.1～0.2 MPa 之间，可用在5 m/s 的速度
	涨圈密封	合金铸铁、锡青铜、钢	将带切口的弹性环放于槽中，由于涨圈本身的弹力，而使其外圆紧贴在壳体上，涨圈外径与壳体间无相对转动 　由于介质压力的作用，涨圈以其一端面靠在涨圈槽的一侧，相对摩擦即产生于此端面上	一般用于液体介质密封（因涨圈工作必须以液体润滑） 　广泛用于密封油的装置 　用于气体密封时，要有油润滑其摩擦面。工作温度≤200 ℃，v_c ≤10 m/s 　压力：往复运动≤70 MPa，旋转运动≤1.5 MPa
	机械密封		动环与静环垂直于轴线的光洁而平直的表面上相互贴合，并作相对转动而构成密封的装置 　机械密封的密封效果好，很少渗漏 　材料为：石墨、聚四氟乙烯、酚醛塑料、陶瓷、铸铁、碳钢、铬钢、铬、镍、钢、青铜、高硅铸铁、金属碳化钨	适用于高温（350 ℃）、高速（50 m/s）、高压（45 MPa）、低温、有毒、真空、腐蚀性、磨蚀性、易燃、易爆场合
	机械密封		用曲折的间隙进行密封，间隙内充以润滑脂	适用于高速场合，但加工比较复杂
	迷宫密封		液体经过许多曲曲折折的通道，经多次节流而产生很大阻力，使流体难于渗漏，以达到密封的目的	可用于液体、气体或固体密封，应用最广的是气体密封（防尘及其他微粒进入机器内） 　不受转速和温度的限制，适当地增加篦齿数目，则可用于高压气体密封

表6-5（续）

名　　称	简图及材料	原 理 与 特 点	使 用 条 件
			对于气体，用在压差只有 0.05~0.1MPa 的篦齿密封，采用2个篦齿就够了
非接触式密封　离心密封		借离心力作用（甩油盘）将液体介质沿径向甩出，阻止液体进入漏泄间隙从而达到密封目的 不受速度限制，只要甩油盘强度足够，转速愈高，则甩油密封的效果愈好，转速太低或静止不动，则甩油密封无效	用于密封润滑油及其他液体，但不适于气体介质，广泛用于各种传动装置。不受高温限制，用于压差为零或接近于零的场合
螺旋（螺纹）密封		利用螺杆泵原理，当液体介质沿漏泄间隙渗漏时，借螺旋作用而将液体介质赶回去，以保证密封 设轴的旋转方向 n 从右向左看为顺时针方向，则液体介质与壳体的摩擦力 F 为逆时针方向，而摩擦力 F 在该右螺纹的螺旋线上的分力 A 向右，故液体介质被赶回右方	仅适用于液体介质，不适用于气体介质的密封。不受高温、高速限制（低速密封性能差）
气动密封		利用空气动力来堵住旋转轴的漏泄间隙，以保证密封。结构简单，但要有一定压力的气源供气。气源的空气压力比密封介质的压力大 0.03~0.05MPa	不受速度、温度限制，一般用于压差不大的地方，如用以防止轴承腔的润滑油漏出。也用于气体的密封，如防止高温燃气漏入轴承腔内，气动密封往往与迷宫密封、螺旋密封组合使用
水力密封		利用液体旋转产生的离心压力来堵住漏泄间隙以达密封的目的	水力密封可用于气体介质或液体介质的密封，它可以达到完全不漏。故常用于对密封要求严格之处。如用于输送可燃爆炸或有毒气体的风机，在汽轮机上用以密封蒸汽

二、机械密封

1. 工作原理

机械密封如图 6-1 所示，一般有 A、B、C、D 四个密封点。A 点在动环与静环之间。它主要靠设备内液体的压力及弹簧力将动环压紧于静环上，以阻止介质外漏。B 点是静环与压盖间的密封，这是一种静密封，可用具有弹性的 "O" 形密封圈置于此。C 点是动环与轴（或套轴）之间的密封，这也是一种静密封，采用具有弹性的 V 型（带撑环）密封圈，有时还用推环压紧。D 点是填料箱与压盖之间的密封，也是静密封，一般采用密封圈或垫就可以防止泄漏。

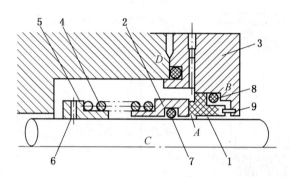

1—静环；2—动环；3—压盖；4—弹簧；5—弹簧座；
6—固定螺栓；7、8—密封圈；9—防转销

图 6-1　机械密封原理图

2. 基本结构型式

由于密封介质及其操作条件不同，机械密封的型式很多，但基本结构型式见表 6-6。

表 6-6　机械密封基本结构型式

型　　式	主　要　特　征	应　　用
内装式	弹簧等置于泵腔介质之内	多数机泵
外装式	弹簧等置于泵腔介质之外	真空旋转过滤机及耐酸泵等
平衡式	动环左、右侧介质作用力自动抵消	高压液压泵等
非平衡式	动环左、右侧介质作用力不能抵消	低黏度液压泵等
单弹簧式	动环上仅有一只大弹簧	多数机泵
多弹簧式	动环圆周上均布多只小弹簧	密封要求严格的机泵
单端面式	仅有一对动、静环	多数机泵
双端面式	有两对动、静环联合使用	密封要求严格的机泵
旋转式	弹簧随轴旋转	多数机泵
静置式	弹簧不随轴旋转	高速机泵
内流式	介质沿动、静环外周向内泄漏	多数机泵
外流式	介质沿动、静环内周向外泄漏	真空旋转过滤机等

第七章 机械基础知识

第一节 液压传动基础知识

一、液压传动系统的工作原理

图7-1所示为机床工作台往复运动液压传动工作原理简图。电机启动后带动液压泵B工作，油箱中的油液经滤油器U进入液压泵。液压泵输出的压力油经管道至换向阀C的1与2相通，再经管道至液压缸G的左腔。由于液压缸的缸体固定，于是压力油推动活塞连同与活塞杆固定的工作台向左移动。随后，液压缸G左腔的油液经换向阀C的3至4，再经节流阀L回到油箱。当推动换向阀C的阀芯右移时，就改变了油液的流动方向，即1与3通，2与4通，工作台向右运动。如此循环，即可实行工作台往复运动。

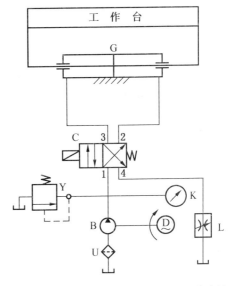

B—液压泵；C—换向阀；G—液压缸；L—节流阀；
Y—溢流阀；U—滤油器；D—电动机；K—压力表
图7-1 机床工作台往复运动液压传动原理

图7-1中节液阀L，用以调节工作台运动速度。节流阀L的节流开口通流面积大，工作台速度快；反之，工作台速度慢。溢流阀Y用以调节液压系统的压力。因为要使工作台运动，必须要克服背压力、切削力、摩擦力等阻力，而且这些阻力是变化的。所以，调节压力应根据最大阻力来调整。这样，当系统压力低于所调节压力时，溢流阀Y关闭；系统压力升高到调节压力时，溢流阀打开。液压泵输出的油液，在满足工作台运动速度的要求之后，多余的油液经节流阀流回油箱。

二、液压传动系统的组成

液压系统由下述各部分组成：

(1) 驱动元件。液压泵是供给液压系统压力和流量的。常用的液压泵有齿轮泵、叶片泵和柱塞泵等。

(2) 控制元件。有压力控制阀、方向控制阀和流量控制阀等。

（3）执行元件。有液压缸和液压马达等。

（4）辅助元件。有油箱、滤油器、蓄能器、油管、接头、密封件、冷却器以及压力表等元件。

三、液压传动的特点及应用

1. 液压传动的优点

（1）液压传动易获得较大的力或力矩，并易于控制。

（2）在输出同等功率的条件下采用液压传动，其体积小，质量轻，因此惯性小，动态响应快，便于实现频繁的换向。

（3）液压传动可实现较大的调速范围，能较方便地实现无级调速。

（4）液压传动易于实现过载保护。

（5）液压传动因采用油液作为工作介质，对元件具有防锈作用和自润滑能力，使用寿命长。

（6）液压传动便于布局，可实行较远距离操纵。

（7）液压传动易于实现系列化、标准化、通用化及自动化。

2. 液压传动的缺点

（1）液压传动因采用油液作为工作介质，由于渗漏和管件的弹性变形等原因，不宜用于传动比要求严格的场合。

（2）液压传动中如果密封不良或零件磨损，易产生渗漏，而影响工作机构运动的平稳性和系统效率，且污染环境。

（3）液压系统混入空气时，会产生"爬行"和很大噪声等现象。

（4）油液污染后，机械杂质会堵塞小孔、缝隙，影响动作的可靠性。

（5）液压传动的能量损失较大，系统效率较低，而且均转化为热量，易引起热变形，影响系统的正常工作。

（6）液压元件制造精度要求较高，增加设备成本。

3. 液压传动的应用

液压传动由于具有许多独特的优点，所以其应用领域日益广泛，可应用于机床工作机构的往复运动、无级调速、伺服控制系统、静压支承以及各种辅助运动等。由于液压执行元件的推力（或转矩）较大，操作方便，布置灵活，与电器配合使用易实现遥控等，因此在冶金设备、矿山机械、起重运输机械、建筑机械、塑料机械、农业机械、航空、船舶等工业部门被广泛采用。

第二节　设备的润滑

一、简述

任何相互接触的机械零件，在作相对运动时，相接触的表面都存在着一种妨碍运动的阻力，这种现象称为摩擦。它是由于接触面凸凹不平和表面分子相互吸引而引起的。摩擦会使零件磨损、消耗动力、产生摩擦。为了减少摩擦和磨损，通常在机械零件接触面间加入润滑剂，这就称为润滑。润滑的主要作用是：在机械零件摩擦表面间建立液体摩擦。此时摩擦产生在零件表面与润滑剂之间，以及润滑剂的内部，而且摩擦力主要产生于润滑剂中。液体摩擦系数只有干摩擦系数的 1/100～1/10。液体摩擦可大大减小机械的摩擦力，减轻机械的磨损，提高机械的效率，延长机械的使用寿命。所以，一切机械零件的摩擦表面上，必须尽力建立液体摩擦。

在矿山设备安装、修理和使用中，必须正确合理地加强设备的润滑工作，这对于煤矿安全生产、完成生产任务是具有重要意义的。如果不能正确地进行设备润滑，就会加快设备磨损，降低使用寿命，甚至造成不可估量的损失。由于机械设备润滑不当所造成的设备事故表现如下：

（1）设备缺油。设备缺油时，往往不能形成液体摩擦，因此造成机件磨损加快，设备精度迅速丧失，甚至造成研损、拉伤、咬死等严重事故，如轴与瓦的粘连，气缸与导轨拉沟等现象。

（2）用油不当。如果负荷大、速度低的设备用黏度小的油，因承受不了压力，油就会从摩擦面挤出去；如果负荷小、速度高的设备使用黏度大的油。因摩擦阻力增大，就会增加动力消耗，产生高热而造成事故。

（3）加油不适当。若加油过多，则会引起过热或漏油；加油过少，则润滑不足，从而加快了设备的磨损。

（4）不考虑工作条件。若在潮湿的环境中采用抗水性不好的润滑脂，就会很快乳化变质，失去效能；若在高温的环境中，选用不耐高温的润滑脂，就会溶化流失，达不到润滑的目的。

二、润滑剂

润滑剂在减少机械零件的摩擦和磨损以及冷却摩擦表面等方面都有重要的作用。常用的润滑剂有润滑油、润滑脂和固体润滑剂三种。

1. 润滑油

润滑油俗称稀油，它是液体润滑剂，是矿物原油中提炼出来的一种石油产品，其主要成分是碳氢化合物（简称烃）。润滑油的主要功用是减摩、冷却和防腐。

润滑油的品种应根据机械设备的工作条件（负荷、温度、转速等）来进行选择，一般选用原则如下：

（1）在高速、轻负荷条件下工作的摩擦零件，应选用黏度小的润滑油；反之，则选黏度大的润滑油。

（2）受冲击负荷（或交变载荷）和往复运动的摩擦零件，应选黏度较大的润滑油。

（3）工作温度较高、磨损较严重和加工表面较粗糙的摩擦表面，应选黏度较大的润滑油。

（4）夏天所选用的润滑油黏度应比冬天选用的黏度大。

（5）冷冻机应选用凝固点低的润滑油，如冷冻机油。

（6）在高温下工作的气缸，应选用闪点高的润滑油，如过热气缸油等。

2. 润滑脂

润滑脂，俗称黄油或干油，它是一种凝胶状润滑剂。润滑脂是由润滑油、稠化剂和添加剂（也有不含添加剂的）在高温下混合而成，实际上就是一种稠化了的润滑油。稠化剂的作用是减少润滑油的流动性，使其变为凝胶状态。稠化剂有钙皂、钠皂、铝皂、石墨等。润滑脂一般以稠化剂的组成分类，例如以钙皂为稠化剂的称为钙基润滑脂。

润滑脂主要应用在：不允许润滑油滴落或漏出的地方；加油、换油不方便的地方（润滑脂的使用周期一般较润滑油长）；需要与空气隔绝的地方（润滑脂本身就是较好的密封介质）；单独润滑或不易密封的滚动轴承等。

润滑脂的选择原则如下：

（1）重负荷的摩擦表面应选用针入度小的润滑脂。

（2）高转速的摩擦表面应选用针入度大的润滑脂。

（3）冬季或低温条件下工作的摩擦零件，应选用由低凝固点和低黏度润滑油稠化而制成的润滑脂。

（4）夏季或高温条件下工作的摩擦零件，应选用滴点高的润滑脂。

（5）在潮湿或与水直接接触的条件下工作的摩擦零件，应选用钙基润滑脂；而在高温条件下工作的摩擦零件，应选用钠基润滑脂。

3. 固体润滑剂

固体润滑剂是指具有润滑作用的固体粉末或薄膜，它能代替液体来隔离相互接触的摩擦表面，以达到润滑目的。

固体润滑剂的种类很多，在设备中常用到的是石墨（黑色、片状、有脂肪质感觉）和二硫化铝（黑灰色、无光泽、有脂肪质感觉）。通常是将固体润滑剂的粉末加入润滑油或润滑脂中使用，一般加入为 0.5% ~ 1.5%，加入后能显著提高润滑效果。

第四部分

中级煤矿机械安装工技能要求

第八章　煤矿机械安装基础知识

煤矿机械设备与其他机械设备在安装时的基本工序大致相同。任何一台机械设备，从运抵安装现场到它投入生产，都必须经过如下工序：设备开箱检查验收，搬运与起重，基础验收与放线，设备划线，设备就位，找平找正，设备固定，拆卸、清洗和装配，灌浆、调整和试运转，工程验收等。

第一节　施工前准备工作

做好施工前的准备工作，直接关系到施工进度的快慢、工程质量的好坏。如果在准备工作中，对技术资料审查不细，到货设备清点不细，设备搬运方案选择不当，施工用设备、工具和材料准备不当，往往会造成供应脱节、停工待料、重复搬运和影响工期等。因此，必须在设备安装之前，充分做好以下各项准备工作。

一、熟悉图纸及有关技术资料

在矿山机械安装前，必须认真会审图纸，熟悉技术资料，领会设计意图，并对所安装设备的构造、原理、性能和安装技术要求做系统的了解，然后制订出正确的设备安装工程施工方案。在制订方案时，注意吸收先进的施工经验和施工方案，注意工程的衔接和平衡，并适当考虑施工的平行作业和交叉作业。

二、设备的清点检查

设备运抵安装现场后，安装单位应会同有关部门人员对设备进行清点检查。清点时应以设备制造厂提供的设备装箱单和设备图纸为依据，核实设备的名称、型号和规格，清点设备的全部零件、部件和附件，检查设备的出厂合格证和其他技术文件是否齐全。同时要检查设备的外观质量，如有缺陷和损伤等情况，应进行研究和处理。检查时如要清除防锈油脂，应注意刮具的硬度不得高于被刮机件的硬度，常用铜片或铅片作为刮具；对铜质机件和轴承合金应用薄竹片作为刮具；对高精度的轴颈应用煤油精心清洗，再用干净布仔细擦净。设备清点检查完毕后，应填写《设备开箱检查记录单》，由安装单位妥善保管。

三、制定设备的搬运方案

制定设备的搬运方案是一项很重要的工作。制定出合理的搬运方案能保证安装工作顺利进行；反之，会造成停工、重复搬运及浪费人力和物力。例如一个很大很重的机件由远处搬运到安装地点，由于搬运方案不合理，因安装工序未到而用不着，只好放在机房内或搬运道路上，这样不仅造成保管上的困难，而且直接影响到其他机件的搬运和安装。因此必须根据安装施工程序，制定出合理的搬运方案。

四、施工用设备、工具及材料的准备

施工用设备、工具及材料的准备工作，是做好安装工作的前提，任何一项准备不当，供应脱节，都会造成停工待料，影响工期。

矿山机械安装时通用的施工设备和工具见表 8-1。

表 8-1　矿山机械安装时通用施工设备和工具明细表

序号	用　途	需用施工设备及工具
1	起吊、运搬	绞磨、链式起重机、桅杆、三角架、撬杆、绳索、吊环、吊钩、绳夹子、滑车、千斤顶、滚杠、运搬木排、绞车、桥式起重机
2	机械检修	电焊机、气焊设备、手电钻、手提砂轮机、手提铆钉机、台式虎钳
3	找正找平	经纬仪、水准仪、激光投影仪、测量用塔尺、光学合象水平仪、浮标式气动量仪
4	测　量	方水平尺、长水平尺、百分表、千分表、千分表架、内外径千分尺、游标卡尺、深度千分尺、量角器、塞尺、钢卷尺、盒尺、直角尺、内外卡钳、规划、划卡、划针、划线盘、样冲、线附
5	机械拆装	铁榔头、木榔头、各种錾（扁、尖、平、圆）、各种扳手、过眼冲子、克丝钳、钢号码、螺丝刀、钢棒、铁刷子、喷灯、油壶、油枪、各种锉刀、随机专用工具
6	孔、螺纹加工	钻头、铰刀、丝锥、扳牙
7	刮研轴瓦	刮刀（平面、三角、半圆）、油石、油槽錾、锉刀、扳手

第二节　设备安装的起重工作

在矿山机械设备安装的过程中，设备的搬运、起吊、装卸和组合等项工作都离不开起重工作。正确地组织起重工作，合理地选用起重设备、工具，对保证施工安装、质量、进度都有重大影响。矿山设备安装中常用的起重设备和工具是索具和起重机具。

一、索具

索具是起重工作中最基本的工具，它的作用是绑扎重物和传递拉力。常见的索具有麻绳、钢丝绳、绳夹子、吊环、滑车等。选用索具时应熟悉其性能、规格、强度计算、使用方法和注意事项。

(a) 三股　　　(b) 四股　　　(c) 九股

图 8-1　麻绳

1. 麻绳

麻绳（图 8-1）是常用的索具之一，它具有轻便、柔软、携带方便、容易捆绑等优点，但强度较低，易腐烂变质、易磨损，且新旧麻绳的强度变化很大，所以它的使用受到很大限

制，一般只用来捆绑和起吊轻便设备。

麻绳是用亚麻纤维编织的，通用的麻绳是由三股右捻组成，每股又由若干细线左捻拧搓而成。股的断面呈椭圆形，其三股合成圆的直径 d 是麻绳的公称直径。

1）麻绳规格、性能及选择

麻绳的规格及性能见表8-2。

表8-2 麻绳的规格及性能

麻绳尺寸			允许极限载荷/N				破断拉力/N		每米绳重/kg	
			捆绑用		起重用					
圆周/mm	直径/mm	断面积/mm²	亚麻绳	油脂亚麻绳	亚麻绳	油脂亚麻绳	亚麻绳	油脂亚麻绳	亚麻绳	油脂亚麻绳
30	9.6	72	353.0	313.8	706.1	627.6	5246.6	4952.4	0.07	0.083
35	11.1	97	470.8	421.7	951.2	853.2	5982.1	5638.8	0.087	0.103
40	12.7	127	617.8	559.0	1245.4	1118.0	7600.2	7207.9	0.117	0.138
50	15.9	199	980.7	882.0	1951.5	1755.4	10983.4	10444.1	0.174	0.205
60	19.1	287	1422.0	1274.9	2814.5	2530.1	15396.4	14611.9	0.248	0.293
75	23.9	449	2206.5	1961.3	4403.2	3961.9	23467.3	21829.6	0.395	0.466
90	28.7	647	3187.2	2843.0	6344.9	5707.5	33666.2	31606.8	0.572	0.675
100	31.8	794	3922.7	3530.4	7786.5	7001.9	39354.1	36941.7	0.700	0.826

虽然麻绳在绞捻时受有扭转力，但麻绳在工作时承受拉力和弯曲，故它的强度仍按拉伸计算。许用载荷为

$$p = \frac{\pi}{4} d^2 [\sigma]$$

式中　　p——许用载荷，N；

　　　　d——麻绳直径，mm；

　　$[\sigma]$——麻绳许用应力，MPa。

故麻绳的直径为

$$d = \sqrt{\frac{4p}{\pi[\sigma]}}$$

麻绳的许用应力选择见表8-3。

表8-3 麻绳许用应力表

规　　格	起重用麻绳/MPa	捆绑用麻绳/MPa
亚麻绳	9.8	4.9
油浸亚麻绳	8.82	4.41

绳 6×19　　　　　绳 6×37
股 (1+6+12)　　　股 (1+6+12+18)
绳纤维芯　　　　　绳纤维芯

(a) 普通式

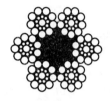 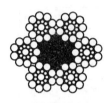

绳 6×(19)　　　　绳 6×(19)+7×7
股 (1+9+9)　　　　股 (1+9+9)
绳纤维芯　　　　　金属维芯

(b) 复合式

一层 Z 型钢丝的　　　一层梯形和一层 Z 形
密封式钢丝绳　　　　钢丝的密封式钢丝绳

(c) 密封式

图 8-2　钢丝绳的断面形状

2）使用麻绳的注意事项

（1）麻绳一般用于轻型手动捆绑和起重较小的滑车及桅杆绳索。机动的机械一律不得使用麻绳。

（2）麻绳的拉力根据包括其空隙在内的全部断面计算，所以选用时，要酌情考虑安全系数，断丝和磨损过度的均不得使用。

（3）麻绳用于滑车组时，滑轮的直径应大于麻绳直径的 10 倍。

（4）麻绳应放在干燥的库房内储存保管，盘卷放置在木板上，避免吸水后降低其使用强度。

（5）油浸麻绳质地较硬，不易弯曲，强度也较不油浸麻绳低 10% 左右，在吊装作业中，一般不采用油浸麻绳。

2. 钢丝绳

钢丝绳一般用优质高强度碳素钢丝制成。它具有强度高、韧性好，能承受很大拉力，且耐磨损等优点，是起重中最常用的索具，用于起吊牵引、捆绑重物和作各种绳扣等。

1）钢丝绳的种类

钢丝绳种类很多，按其结构型式通常可为普通式、复合式和密封式三种，它们的断面形状如图 8-2 所示。

普通式钢丝绳是由直径相同的六股钢丝与一根含油的有机绳芯（麻芯或棉芯）绕拧而成。如果每股钢丝的根数为 19，可用 6×19+1 表示；如果每股钢丝的根数为 37，可用 6×37+1 表示，如图 8-2a 所示。复合式钢丝绳是由不同直径的六股或多股钢丝与一根含油的有机绳芯或无机绳芯绕拧而成。其表示方法与普通式钢丝绳相同，如图 8-2b 所示。密封式钢丝绳是由外层异型钢丝内包一束直径相同的钢丝，采用特殊方法绕拧而成，如图 8-2c 所示。在吊装作业中，应用较多的是普通式钢丝绳。

由于钢丝绕成股的方向和股拧成钢丝绳的方向不同，因此钢丝绳又分为右交互捻、左交互捻、右同向捻和左同向捻几种，详见表 8-4。同向捻钢丝绳柔性好、磨损小，但容易松散和扭转。交互捻钢丝绳能克服同向捻的缺点，仍具有同向捻的优点。在起重作业中常选用交互捻钢丝绳。

2）钢丝绳的选择

在机械设备安装中，常用的钢丝绳有 6×19、6×37、6×61 等。

3）钢丝绳的计算

（1）滑轮与钢丝绳直径比例参数。钢丝绳用时不能弯曲过度，钢丝绳缠绕滚筒或滑轮最小直径按下式计算：

表8-4　钢丝绳种类

序号	形状	捻向	股、丝方向
1		右交互捻	股的方向向右 丝的方向向左
2		左交互捻	股的方向向左 丝的方向向右
3		右同向捻	股和丝的方向均向右
4		左同向捻	股和丝的方向均向左

$$D \geq l_1 l_2 d$$

式中　D——滚筒或滑轮直径，mm；

　　　l_1——根据起重装置形式和工作情况而定的系数；

　　　l_2——根据钢丝绳结构决定的系数，交互捻 $l_2 = 1$，同向捻 $l_2 = 0.9$；

　　　d——钢丝绳直径，mm。

一般安装用滑轮直径采用 $D \geq (18 \sim 20)d$，滑轮与钢丝直径比例参数见表8-5。

表8-5　滑轮与钢丝直径比例参数表

机械种类	使用情况		滑轮与钢丝绳直径之比
拖拉机型起重机，挖土机及一般临时设备起重机	手动		$D \geq 16d$
	机动	轻型	$D \geq 16d$
		中型	$D \geq 18d$
		重型	$D \geq 20d$
除上述以外的起重机	手动		$D \geq 18d$
	机动	轻型	$D \geq 20d$
		中型	$D \geq 25d$
		重型	$D \geq 30d$
1t以下手动卷扬机			$D \geq 12d$
带抓斗起重机	一类轻型		$D \geq 20d$
	二类轻型		$D \geq 30d$

（2）钢丝绳的安全系数。合理正确地选择安全系数是选择与计算钢丝绳的重要前提，它必须在保证安全的基础上，又要符合节约的原则。选择安全系数应考虑如下因素：要有足够的强度来承受最大的负荷；要有足够抵抗挠曲和磨损的强度；要能承受冲击载荷；要考虑温度、潮湿、酸蚀等不利环境的影响。钢丝绳的安全系数见表8-6。

表8-6 钢丝绳安全系数表

起重机类型	特性和使用范围		钢绳最小安全系数
桅杆起重机、履带起重机、汽车起重机、卷扬机、其他类型起重机	手传动		4.5
	机械传动	轻型	5
		中型	5.5
		重型	6
1 t 以下手动卷扬机			4
绳索式起重机械	承担重量的钢丝绳		3.5
各种用途的钢绳	运输热金属、易燃物		6
	运输易爆物		6
	拖拉绳（钢缆绳）		3.5
	绳索或捆绑重物用		8~10

（3）钢丝绳的抗拉强度计算。钢丝绳的最大允许载荷为

$$P = \frac{S}{K}$$

$$S = \varphi \times i \times \frac{\pi d^2}{4} \times \sigma$$

式中　K——安全系数，按起重机类型、驱动方式和工作类型选用；

　　　S——钢丝绳的破断拉力，N；

　　　i——钢丝绳中的丝数；

　　　d——钢丝直径，mm；

　　　σ——钢丝绳抗拉强度，MPa；

　　　φ——考虑钢丝之间载荷不均匀的系数，$\varphi \approx 0.85$。

破断拉力也可用以下经验公式估算：

$$S \approx 50D^2$$

式中　S——钢丝绳的破断拉力，N；

　　　D——钢丝绳直径，mm。

4）钢丝绳的使用与保养

为了保证钢丝绳安全运行，在使用中不准超负荷；不准使钢丝绳发生锐角曲折，以免产生应力集中；不准急剧改变升降运行速度或突然刹车，以免产生冲击载荷，致使钢丝绳破断。

钢丝绳的保养：将使用后的钢丝绳盘好，放在干燥的木板架上，定期润滑；在高温下使用的钢丝绳应用石棉的防热罩子加以保护；穿钢丝绳的滑车边缘不许有毛刺和破碎。

5）钢丝绳报废标准

（1）断丝后的钢丝绳的报废标准应根据表8-7规定执行；表中扣距是指一股钢丝绕过1周的轴向距离，如图8-3所示。

图8-3　钢丝绳的扣距

表8-7 钢丝绳的报废标准

钢丝绳最初安全系数	钢丝绳的构造					
	6×19=114		6×37=222		6×61=366	
	报废钢丝绳的每一扣距内拉断钢丝根数					
	交互捻	同向捻	交互捻	同向捻	交互捻	同向捻
6以下	12	6	22	11	36	18
6~7	14	7	26	13	38	19
7以下	16	8	30	15	40	20

（2）钢丝绳整股已被拉断即应报废。

（3）当钢丝绳直径缩小达10%时即应报废。

（4）在多数情况下，钢丝绳的钢丝是既有磨损（包括腐蚀），又有断丝。在确定其报废标准时，两种情况都应考虑。常用的方法是：在断丝的报废标准中作适当的降低，具体规定见表8-8。

表8-8 钢丝绳表面有磨损时应降低断丝标准

钢丝表面磨损时占直径的百分率/%	每扣距内断丝数占表8-7标准百分率/%	钢丝表面磨损时占直径的百分率/%	每扣距内断丝数占表8-7标准百分率/%
10	85	25	60
15	75	≥30	50
20	70		

3. 绳索打扣方法

在吊装矿山设备工作中，绳索根据各种吊具和不同形状物体，应打成各种不同的绳扣。所以绳扣应打扣方便，连接牢因而又容易解开，受力后不仅不会散脱，而且受力越大绳扣就收缩得越紧。表8-9介绍几种常用的打扣方法。

表8-9 绳索打扣方法

绳扣名称	图 例	用 途	特 点
滑子扣	一步 三步 二步	适用于拖拉物件和穿滑轮等作业	1. 牢靠，易于解开 2. 拉紧后不出死结扣，随时可松开再紧 3. 结绳迅速，三步即可结好

表 8-9（续）

绳扣名称	图　　例	用　　途	特　　点
死圈扣		起吊重物	1. 捆绑时必须和物件扣紧，不允许有空隙 2. 一般采用与物件绕一圈后再结扣，以防吊装时滑脱
梯形扣		绑人字桅杆	1. 结法方便简单 2. 扣套紧，两绳头愈拉愈紧，但松解也容易
挂钩扣		用于挂钩	1. 安全牢靠 2. 结法方便 3. 绳套不易跑出钩外
接绳扣		用于绳与绳的连接	1. 使用方便，安全牢靠 2. 需要两个绳扣联合使用 3. 两端用力过大时，可在扣中插入木棒，以便于解扣
单绕时双插扣		接绳结	1. 牢靠 2. 适用于两端有拉紧力的场合
倒扒扣		立桅杆拖拉绳用	1. 牢靠，打结方便，随时可增长或缩短 2. 紧后易松开 3. 要求打绳卡子（根据重量决定卡子数量）
双滑车扣 （简单锁圈扣）		搬运轻便物体	1. 吊扣重物绳扣自行索紧，物体歪斜时可任意调整扣长 2. 解绳扣容易、迅速
果子扣		抬杠或吊运圆桶形物件	结绳、解绳迅速

表8-9（续）

绳扣名称	图　例	用　途	特　点
活瓶扣		吊立轴等用	平稳均匀，安全可靠
抬缸扣		抬缸或吊运圆桶物件	能套住底部而不易滑脱
抬　扣		抬运或吊运物件	解绳、结绳迅速，安全可靠
垂直运扣		适用于吊运圆形物件，如绑脚手架、吊木杆和空中运管子	牢靠
背　扣		绑架子，提升轻而长的物件	1. 愈拉愈紧 2. 牢靠安全 3. 易打结和松开，但必须注意压住端头

4. 绳夹子

在吊装设备时需要立桅杆、挂滑车等，这就必须使用绳夹子来夹紧钢丝绳，使它们暂时可靠地与牵引设备连接起来。

常用的绳夹子有两种：一种是"U"形绳夹子，如图8-4所示；另一种是"L"形绳夹子，如图8-5所示。绳夹子的数目可根据钢丝绳直径选择，见表8-10。

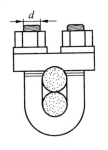

图8-4　"U"形绳夹子

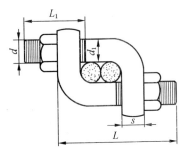

图8-5　"L"形绳夹子

表 8 - 10　　根据绳索直径决定绳夹子数目表

钢绳直径/mm	8	13	15	17.5	19.5	21.5	24	28	34.5	37
绳夹数目	3	3	3	3	4	4	5	6	7	8

5. 吊环

吊环是设备安装中用作起吊的一种专用工具（图 8 - 6）。通常，它只用在轻便、小型设备或部件的装拆上。吊环的允许荷重见表 8 - 11。吊环在使用时应仔细检查丝扣是否准确，丝扣是否有损坏，其螺纹杆有无弯曲现象等；吊环拧入时，一定要拧到螺纹杆根部，以防受力后弯曲甚至断裂；如使用两个吊环起吊重物时，钢丝绳间的夹角不宜过大，一般应在 60°之内，以防止吊环受过大的水平力。

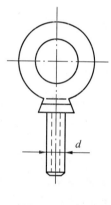

图 8 - 6　吊环

表 8 - 11　吊环允许荷重表

丝杆直径 d/mm	允许负荷/kg	
	垂直吊重	夹角 60°吊重
M12	150	90
M16	300	180
M20	600	360
M22	900	540
M30	1300	800
M36	2400	1400

6. 卡环

卡环又称卸扣，是起重工作中用得很广而灵巧的挂连工具。卡环由弯环和横销两个主要零件组成，如图 8 - 7 所示。卡环主要用来连接各种绳索、吊环和滑车等，用起来安全可靠。

7. 滑车及滑车组

在设备安装工程中，广泛使用滑车和滑车组配合钢丝绳、绞车进行吊装和运搬。

1）滑车

滑车是由滑轮装在带有吊钩或吊环的滑轮夹套中构成，其结构型式如图 8 - 8 所示。滑车上的滑轮被夹在夹板中，夹板上带有吊环（或吊钩）。习惯上称滑车的滑轮个数为"门数"。

滑车按其作用可分为定滑车和动滑车两种。定滑车（图 8 - 9）安装在固定位置的轴上。在起重机具中，定滑轮用以支持挠性件的运动，当绳索受力时，轮子转动，而轴的位置不变。使用这种滑车，只能改变绳索的活动方向，不能省力。动滑车安装在运动的轴上，它和被牵引的设备一起升降。动滑车又分为省力滑车和增速滑车两种，如图 8 - 10 所示。

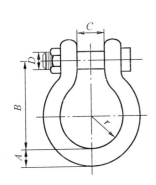

图 8-7　卡环

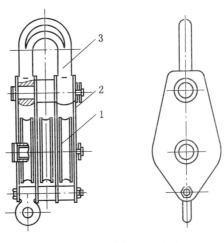

1—滑轮；2—夹板；3—吊环

图 8-8　滑车

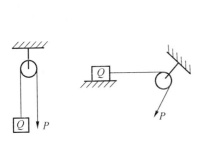

(a) 定滑车　　　　(b) 导向滑车

图 8-9　定滑车示意图

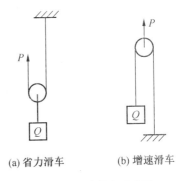

(a) 省力滑车　　　(b) 增速滑车

图 8-10　动滑车示意图

滑车的起重量一般标在滑车的铭牌上，使用时应注意按规定的起重量选用。对于起重量不明的滑车，可按以下经验来估算它的安全起重量：

$$Q = N \times \frac{D^2}{16}$$

式中　　Q——安全起重量，kg；

　　　　D——滑轮的直径，mm；

　　　　N——滑车的门数。

2）滑车组

滑车组是由一定数量的定滑轮、动滑轮和挠性件（绳索）等所组合而成的联合装置，如图 8-11 所示。使用滑车组既可以省力，又可根据需要改变用力的方向。特别是在起吊大重量的设备时，可采用多门定滑车和动滑车组成的滑车组来完成。通常只要采用 0.5~20 t 的绞车。牵引滑车组的出端头（称跑头），就能吊起几吨或几百吨重的设备。

8. 滑车组的联接方法

滑车组的联接方法，常见的有单绳、双绳、三绳，甚至 x 绳。习

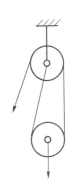

图 8-11　滑车组

惯上把双绳滑车叫做"一一"（或"1×1"）滑车，把三绳滑车口叫做"一二"（或"1×2"）滑车，把四绳滑车叫"二二"（或"2×2"）滑车，其余如"二三"、"三三"、"三四"、"四四"、"四五"、"五五"等。

滑车组缩数是指动滑车上绳子的根绳，习惯上叫"走几"，如"走三"即表示动滑车上有三根绳索绕过。出端头拉力（S）又称跑头拉力，它指提升时所需的拉力。滑车组的效率（η_0）随绳数（或轮数）增多而降低；提升时所需的拉力随着绳数的增多而减少。

二、起重机具

能完成空间两点间的起重任务的起重机械，称为起重机具。起重机具的特点是构造简单、紧凑、轻巧和携带方便，它可以单独使用，也可以与其他起重机械配合使用。常用的起重机具有千斤顶、手动链式起重机、绞车和桅杆等。

1. 千斤顶

千斤顶又称举重器，通常用它将设备顶升不超过 1 m 的高度。它结构轻巧，携带方便，使用维修容易，用很小的力就能把很重的物件顶升；同时在设备安装中，可用它来矫正构件的歪斜现象和将构件调直或顶弯，所以它的用途很广。常见的千斤顶有螺旋式千斤顶、液压千斤顶两种。

1）螺旋式千斤顶

螺旋式千斤顶是利用螺杆与螺母的相对运动来举起或降下重物的，它常用于中小型机械设备的安装。

螺旋式千斤顶由螺母套筒 1、螺杆 2、摇把 3、伞形齿轮 4、壳体 5 等主要零部件组成，如图 8 - 12 所示。工作时只要扳动摇把 3，通过伞形齿轮 4 带动螺杆 2 转动，从而使螺母套筒 1 沿壳体上部导向键 8 升降。换向扳扭 7 用来控制伞形齿轮的正反转，即控制套筒的升降。

螺旋式千斤顶的优点是能够自锁，可以水平方向操作使用，价格便宜。其缺点是效率较低（$\eta = 0.3 \sim 0.4$），提升速度也较慢（$15 \sim 35$ mm/min）。

2）液压千斤顶

液压千斤顶是通过压力油（或工作油）来传递动力，使活塞完成举起或降下动作的。

液压千斤顶工作原理如图 8 - 13 所示。操作时，将摇把 5 提起，液压泵 2 中活塞上升，使液压泵进油门 7 打开，油室 1 中的油压将油室进油门 8 关闭，这时储油腔 3 中的油通过液压泵进油门 7 进入液压泵 2。然后将摇把 5 向下压，液压泵 2 活塞向下移动，使液压泵 2 中产生油压，将油室进油门 8 关闭。当油压不断增大到大于油室 1 中的油压时，油室进油门 8 开启，压力油进入油室 1，推动活塞 4 上升，将重物顶起。要使活塞 4 下降时，只要打开回油阀 6，油室进油门 8 由于油室 1 中的油压将它关闭，使油室 1 中的油回到储油腔 3 内，活塞 4 由重物压着下降。液压千斤顶比螺旋千斤顶效率高（$\eta = 0.75 \sim 0.8$），起重范围较大（$3 \sim 500$ t），能保证平稳起升及准确地将重物停放在给定的水平面上，并具有自锁作用；其缺点是起重高度小，起重速度慢。

3）使用千斤顶注意事项

（1）千斤顶的起重能力应大于载荷的重量，不得超负荷使用。

（2）载荷应与千斤顶轴线一致，严防由于基底偏沉或载荷偏移发生千斤顶偏歪的危险。

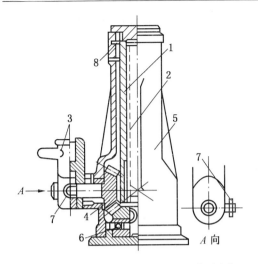

1—螺母套筒；2—螺杆；3—摇把；4—伞形齿轮；
5—壳体；6—推力轴承；7—换向扳扭；8—导向键

图8-12 螺旋式千斤顶

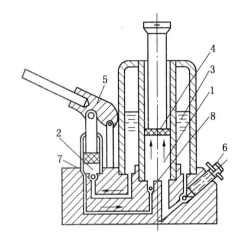

1—油室；2—液压泵；3—储油腔；4—活塞；5—摇把；
6—回油阀；7—液压泵进油门；8—油室进油门

图8-13 液压千斤顶工作原理图

（3）千斤顶的基础必须稳定可靠，常用枕木来垫千斤顶，以扩大支承面积。

（4）重物和顶头之间应垫以木板防止滑动。

（5）一般情况下不允许加长千斤顶手柄。

（6）如用2台或2台以上千斤顶同时顶升一件重物时，要统一升降，升降速度应基本相同，以防重物倾斜或千斤顶超负荷。

（7）起重时应注意升降套筒上升高度，在套筒出现红色警告线时，表示已举至该千斤顶的额定高度，此时应立即停止起升，否则千斤顶将遭到破坏，还可能发生危险。使用技术规格不清的千斤顶时，每次起重的高度不得超过螺杆套筒或活塞总高的3/4。

2. 手动链式起重机

手动链式起重机俗称"神仙葫芦""倒链"和"斤不落"，是一种构造简单、携带方便的小型起重机具。它适用于起吊小型设备。

图8-14所示为齿轮传动的手动链式起重机示意图。它的工作原理如下：当提升重物时，手拉链1使链轮2按顺时针方向转动。链轮2沿着圆盘5套筒上的螺纹向里移动，而将棘轮圈3和摩擦片6都压紧在链轮轴4上（链轮轴4与圆盘5牢固形成一体）；棘轮圈3只能顺时针方向转动，棘爪在棘轮圈3上跳动而发出"嗒嗒"声响。链轮轴4右端的齿轮12带动齿轮9（或称行星齿轮）与齿轮8（或称固定齿轮）相啮合，使齿轮9沿链轮轴4为中心顺时针方向转动，同时带动驱动机构13和起重链轮11转动，使起重链子14上升。当不拉手拉链时，重物是靠自重产生的自锁现象和棘爪阻止棘轮圈3，使之逆时针方向转动而停止在空中。反之，当下放重物时，手拉链1使链轮2按逆时针方向转动，链轮2沿着圆盘5套筒上的螺纹向外移动，而将棘轮圈3、摩擦片6和圆盘5分离。则链轮轴4右端的齿轮12带动齿轮9与齿轮8相啮合，使齿轮9沿链轮轴为中心逆时针方向转动，同时带动驱动机构13和起重链轮11转动，使起重链子14下降。当不拉手拉链时，因链轮停止转动，起重链轮11受物体自重还要继续沿逆时针方向转动，行星齿轮传动机构同样沿逆时针方向转动，使圆盘5、摩擦片6及棘轮圈3之间互相压紧而产生摩擦力，

棘轮圈 3 受棘爪阻止，不能向逆时针方向转动，于是摩擦力作用在螺纹上产生自锁，使重物停在空中。

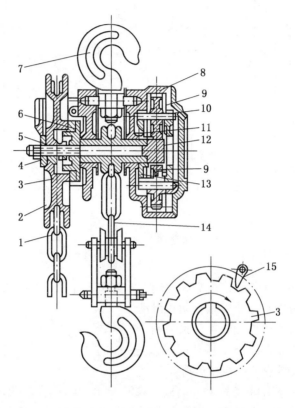

1—手拉链；2—链轮；3—棘轮圈；4—链轮轴；5—圆盘；6—摩擦片；
7—吊钩；8、9、12—齿轮；10—齿轮轴；11—起重链轮；
13—驱动机构；14—起重链子；15—棘爪

图 8-14　齿轮传动的手动链式起重机

齿轮传动的手动链式起重机效率较高（$\eta = 0.75 \sim 0.9$），起重速度较快。常用的 SH 型手动链式起重机的技术性能和规格见表 8-12。

表 8-12　SH 型手动链式起重机性能规格表

型　　号	$SH_{0.5}$	SH_1	SH_2	SH_3	SH_5	SH_{10}
起重量/t	0.5	1	2	3	5	10
起升高度/m	2.5	2.5	3	3	3	5
试验载荷/t	0.62	1.25	2.5	3.75	6.25	12.5
两钩间最小距离/mm	250	430	550	610	840	1000
满载时拉力/N	191.2~215.7	205.9	318.7~353.0	338.3~353.0	367.7	377.6
自重量/kg	11.5~16	16	45~46	45~46	72	170
起重高度每增加 1 m 所增加的自重量/kg	2	3.1	4.7	6.7	9.8	18.6

使用手动链式起重机的注意事项如下：

（1）使用前必须检查其结构是否完整，运转部分是否灵活及充油部分是否有油等，防止发生干磨、跑链等不良现象。

（2）拉链子的速度要均匀，不要过快过猛，注意防止手拉链脱槽。

（3）已吊起的重物需要停放时间较长时，应将手拉链拴在起重链上，以防自锁失灵，发生事故。

（4）手动链式起重机在使用过程中，应根据其起重能力的大小决定拉链的人数。如手拉链拉不动时，应查明原因，不能增加人数或猛拉，以免发生事故。表8-13是根据手动链式起重机的起重能力决定拉链的人数。

表8-13　根据手动链式起重机起重能力确定拉链人数

起重量/t	0.5~2	3~5	5~8	10~15
拉链人数/人	1	1~2	2	2

（5）转动部分要保证润滑，减少磨损。但切忌将润滑油渗进摩擦胶木片内，以防止自锁失灵。

3. 绞车

在起重工作中，以拖曳钢丝绳来提升重物的设备叫绞车。绞车分为手动绞车和电动绞车两种。

手动绞车是一种比较简单的牵引工具，操作容易，便于搬运，一般用于设施条件较差和偏僻无电源的地区。电动绞车广泛地应用于建筑、安装和运输等工作中。在机械设备的吊装就位和运搬中，广泛使用一般可逆式电动绞车，它具有牵引速度慢、牵引力大、重物下降时安全可靠等优点。

可逆式电动绞车主要由电动机3、齿轮箱6、滚筒9、电磁制动器2、可逆控制器1等组成，如图8-15所示。当需要提升重物时，绞车接通电源后，顺时针转动可逆控制器1，使电动机3通电，向逆时针方向转动，同时，打开电磁制动器2的电源，电动机3通过联轴器5带动齿轮箱6的输入轴转动，齿轮箱6的输出轴上装的小齿轮7带动大齿轮8转动，大齿轮8固定在滚筒9上，滚筒9和大齿轮8一起转动。滚筒9卷进钢丝绳，物体提升。要停止提升时，将可逆控制器1的手柄回复到零位上，同时切断电动机3和电磁制动器2的电源，电动机3停止转动，电磁制动器2的闸瓦牢牢地抱在联轴器5上，滚筒不能回转，使重物不能倒退或下落。要使重物下落，可将可逆控制器1的手柄向逆时针方向转动，使电动机3通电后向顺时针方向转动，从而滚筒9倒出钢丝绳，使物体下落。电动绞车应安装在地势较高的地方，使操作人员在工作时能看清吊装物件，并要离开重物起吊处15 m以外；用桅杆时，其距离不得小于桅杆的高度。安装绞车时应使滚筒前面第一个导向滑轮的中心线垂直于滚筒中心线，如图8-16所示。

使用电动绞车时应注意下列事项：

（1）启动前应先用手扳动齿轮空转一圈，检查各部件是否转动灵活，制动闸是否有效。

（2）送电前，控制器必须放在零位。

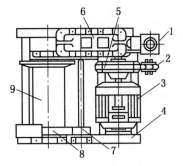

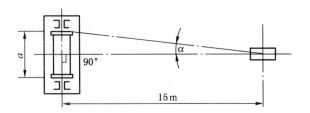

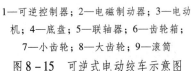

1—可逆控制器；2—电磁制动器；3—电动
机；4—底盘；5—联轴器；6—齿轮箱；
7—小齿轮；8—大齿轮；9—滚筒

图 8-15　可逆式电动绞车示意图　　　　图 8-16　电动绞车的正确安装示意图

（3）绞车停车后，要切断电源，控制器放到零位，用保险闸制动刹紧。

（4）钢丝绳应按规定进行选择，钢丝绳不准有打扣、绕圈等现象。

（5）起吊重型物件时，应进行试吊，以检查绳扣及物件捆绑是否结实、平稳。

（6）绞车的电气设备都要有接地线，所有电气开关及转动部分应有保护罩，绞车所有转动部分应定期加油润滑。

4. 桅杆

桅杆是桅杆式起重机的简称，俗称抱杆、扒杆或抱子。它是在矿山设备安装中常用的一种半机械化起重机具，具有结构简单、造价低廉、装卸方便、适应性强、安全可靠等独特的优点，因此应用极为广泛。

1）单桅杆

单桅杆俗称独脚抱子，如图 8-17 所示，它是最简单的起重机具。桅杆是一立杆 1，风缆绳 2 的一端系在立杆 1 顶端，另一端和地锚 5 相联结。风缆绳的数目用 4~6 根比较稳定，在特殊情况下也可使用 3 根，按需要互成 120°角，拉开张紧。风缆绳和地面之间的夹角，以 30°为宜，不得大于 45°，在个别情况下，可增至 60°，因夹角过大会影响桅杆的稳定。这样，由数根风缆绳和地锚组成的稳定系将桅杆固定在竖立或略倾斜的位置上，倾斜角一般为 5°~10°。

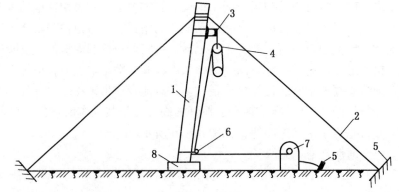

1—立柱；2—风缆绳；3—悬梁；4—滑车组；5—地锚；6—导向滑轮；7—绞车；8—枕木

图 8-17　单桅杆

在立杆 1 的上端焊上悬梁 3，用来支持起重滑车组 4，该悬梁与桅杆保持一定距离，以免载荷与桅杆相接。起重滑车组 4 的绳索从上滑车导出，经过固定在桅杆下部的导向滑轮 6 而引导到绞车 7 上。桅杆底部应垫以枕木 8。

单桅杆分为木桅杆和金属桅杆两种：木桅杆的起重量通常在 10 t 以下，其高度可达 15 m 左右；金属桅杆又分钢管式和结构式两种，其高度一般在 30 m 以下，起重能力通常为 15～50 t。

对桅杆，除要求能将载荷提升到所需高度外，还要求其在载荷所产生的压应力和弯曲应力的作用下，有足够的强度和稳定性。

2）人字桅杆

人字桅杆俗称两木搭，其结构如图 8-18 所示。它由两根立杆（圆木或钢管）4 交叉捆绑成人字形，其夹角为 25°～45°，风缆绳 2 一端系在立杆交叉处，另一端与地锚相联结，在交叉处挂上滑车组 3。人字桅杆的优点是比单桅杆稳固、架设方便。它在使用时，两杆形成一个平面，并尽可能与地面垂直。人字桅杆的性能及有关资料见表 8-14。

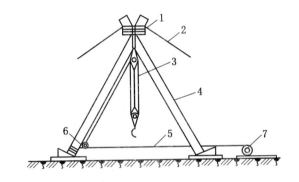

1—捆扎钢丝绳；2—风缆绳；3—滑车组；4—立杆（钢管或圆木）；
5—牵引钢丝绳；6—导向滑轮；7—绞车

图 8-18　人字桅杆

表 8-14　人字桅杆的性能及有关资料

桅杆起重量/t	桅杆高度/m	无缝钢管桅杆		圆木桅杆		风缆钢绳直径/mm	滑车组				绞车起重量/t
		钢管直径/mm	长度/m	圆木直径/mm	长度/m		起重钢绳直径/mm	起重绳套/mm	定滑车	动滑车	
3	6.0	108×6	9.0	160	9.0	15.5	12.5	24	2	1	1.5
4.5	6.0	108×6	9.0	160	9.0	15.5	15.5	24	2	1	2.0
6	7.0	159×8	10.0	200	10.0	17.5	17.5	28	2	1	3
10	7.0	159×8	11.0	200	11.0	17.5	19.5	32	3	2	3
20	8.0	219×8	12.0	300	12.0	19.5	21.5	43	3	3	3
30	80	245×10	12.0	360	120	19.5	21.5	63	5	4	5

人字桅杆分为圆木桅杆和无缝钢管桅杆两种。其中无缝钢管人字桅杆具有体轻、使用方便等优点，它在矿山设备安装中广为应用。现举例说明如何选用人字桅杆。

注：桅杆允许应力为 10.8 MPa，桅杆底宽为桅杆高度的 1/2，风缆绳夹角为 45°～60°，与地面夹角为 30°，若条件不具备时，最大不超过 45°。表 8-14 以一组人字桅杆进行说明，如果用两组桅杆，工具用量要加 1 倍。

要安装一台矿井提升机，在主轴研瓦工艺中要设置一套起吊机具。主轴的质量为 10t，用 3t 绞车起吊，人字桅杆采用无缝钢管，起吊高度为 7 m，问如何选用人字桅杆？

从表 8-14 中可查出：无缝钢管人字桅杆应选择 $\phi159 \times 8$ mm、长度为 11 m 的钢管，风缆钢丝绳直径选用 17.5 mm，起重钢丝绳选用 $\phi19.5$ mm，起吊钢绳套选用 $\phi32$ mm，滑车组选用 3 门定滑车、2 门动滑车组成的复式滑车。

起吊工具的架设如图 8-19 所示。故需选用 4 根 $\phi159$ mm 的无缝钢管作为立杆，用 $\phi12$ mm 钢绳捆绑两组人字桅杆 1、2，将桅杆放置在绞车主轴轴承座 18、19 的两侧，桅杆 4 根腿处用木楔子 21 固定好，为了安装工人工作方便起见，在两组人字桅杆上架设一根木横梁 20，用两根 $\phi17.5$ mm 钢丝绳作为风缆绳 15、16，在两组人字桅杆上各挂设一个 10 t 复式滑车组 5、6，上下用 $\phi32$ mm 钢绳套将主轴和桅杆联接起来，用 $\phi19.5$ mm 钢丝绳作为绞车牵引绳，通过两组单滑车 11、12 将钢丝绳缠绕在两台 3 t 电动绞车 13、14 滚筒上。当电动绞车启动后，牵引钢丝绳往滚筒上缠绕，将主轴吊起。

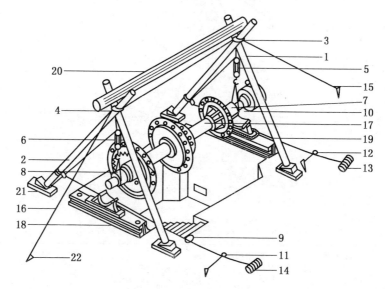

1、2—人字桅杆；3、4—捆绑桅杆钢绳；5、6—10 t 复式滑车组；7、8—$\phi32$ 钢绳套；
9、10—$\phi17.5$ 钢牵引绳；11、12—单滑车；13、14—3t 电动绞车；15、16—风缆绳；
17—主轴；18、19—主轴轴承座；20—木横梁；21—木楔子；22—风缆绳地锚

图 8-19　人字桅杆吊装绞车主轴起落示意图

第三节　设备和基础的联接装置

一、基础验收

矿山设备在安装之前，必须对设备基础进行认真的检验。因为设备基础除了用来承受

设备的全部重量外，还要承受和消除因动力作用而产生的振动。如果基础达不到设计要求，承受不了这些力量就会产生倾斜、沉陷，甚至破坏，这必然导致设备受到损害，精度降低，甚至于停产。因此基础的验收检查是一项确保安装质量的重要工作。

基础验收就是根据图纸和技术规范，对设备基础质量进行全面的检查。设备基础的检查验收标准如下：

（1）基础各部分尺寸，必须符合图纸设计要求，其偏差不得超过表8-15的允许偏差。

表8-15　设备基础允许偏差

序号	项　目	允差/mm
1	基础坐标位置（纵横轴线）	±20
2	基准点的标高	±0.5
3	基础上平面的水平度（包括地坪上需安装设备部分）：每米　　　　　　　全长	5　20
4	基础垂直面的铅垂度：每米　　　　　　　全长	5　20
5	基础上平面外形尺寸　凸台上平面外形尺寸　凹穴尺寸	±20　-20　+20
6	基础各不同平面的标高	+0　-20
7	预埋地脚螺栓：标高（顶端）　　　　　　中心距（在根部和顶端两处测量）	+20　-0　±2
8	预埋地脚螺栓孔：中心距　　　　　　　　深度　　　　　　　　　　　　　孔的垂直度	±10　+20　-0　10
9	预埋活地脚螺栓锚板：标高　　　　　　　中心位置　　　　　　水平度（带槽的锚板）　　　　　　水平度（带螺纹孔的锚板）	+20　-0　±5　2

（2）根据图纸设计要求，检查所有预埋件（包括预埋地脚螺栓）的数量和位置的正确性。

（3）基础外形要符合一定要求，所以基础表面的模板、地脚螺栓固定架及露出基础外的钢筋等必须拆除，各种杂物必须清除干净。

（4）放置垫铁的基础平面是否平整。

二、地脚螺栓

1. 地脚螺栓的分类

地脚螺栓可分为死地脚螺栓和活地脚螺栓两大类。

1）死地脚螺栓

死地脚螺栓的长度较短，一般在 100～1000 mm 之间，它与设备基础浇灌在一起，故称死地脚螺栓。死地脚螺栓通常用来固定那些在工作时没有强烈振动和冲击的轻型设备。常用的死地脚螺栓的头部多做成分叉的和带钩的形式，如图 8-20 所示。带钩的死地脚螺栓，有时还在钩中穿上横杆以防扭转和增大抗拔能力。

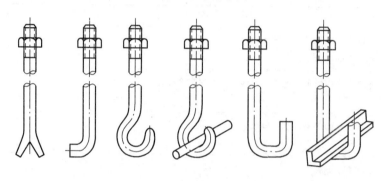

图 8-20　死地脚螺栓

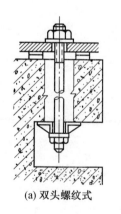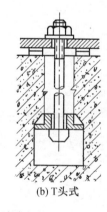

(a) 双头螺纹式　　　(b) T头式

图 8-21　活地脚螺栓

2）活地脚螺栓

活地脚螺栓的长度一般为 1～4 m，它伸入基础之中很深，并利用基础孔中预埋的锚板和基础相连。安装活地脚螺栓的预留孔一般不用混凝土浇灌（多数情况装上干砂），当需要移动设备或更换地脚螺栓时，可以方便地取出地脚螺栓，故称它为活地脚螺栓。活地脚螺栓通常用来固定那些在工作时有强烈振动和冲击的重型设备。它的形状分为两种：一种是螺栓两端都带有螺纹，都使用螺母；另一种是上端有螺纹，下端呈"T"字形的，如图 8-21 所示。

2. 地脚螺栓和基础的联接

地脚螺栓和基础的联接有两种方式：可拆式联接和不可拆式联接。

1）活地脚螺栓的可拆式联接

活地脚螺栓与基础的联接如图 8-21 所示。在设备安装前，首先要将锚板安装好，然后将地脚螺栓放入预留孔内，设备就位后，将地脚螺栓拧紧。

2）死地脚螺栓的不可拆式联接

这种联接可分为一次浇灌法和二次浇灌法。

（1）死地脚螺栓的一次浇灌法。在浇灌设备基础的同时也将地脚螺栓浇灌好的方法称为一次浇灌法。根据地脚螺栓埋入的深度不同，又可分为全部预埋和部分预埋两种形式。在部分预埋时，螺栓上端留有一个 100 mm × 100 mm × (200 ~ 300) mm 方孔，作为调整孔。一次浇灌法的优点是地脚螺栓与混凝土的结合力强，增加地脚螺栓的稳定性、坚固性和抗震性；其缺点是安装时需要使用地脚螺栓固定架，安装后不便于调整。

（2）死地脚螺栓的二次浇灌法。在浇灌基础时，预先在基础内留出地脚螺栓的预留孔，在安装设备时再把地脚螺栓放在预留孔内，然后用混凝土或水泥砂浆把地脚螺栓浇灌死的方法称为二次浇灌法。此法的优点是便于安装时调整，其缺点是新浇的混凝土与原基础结合的不够牢固，大型矿山设备多采用此种方法。

3. 安装地脚螺栓的要求

（1）地脚螺栓在埋设前，一定要将埋入混凝土中那一段地脚螺栓表面清理干净，以保证灌浆后与混凝土结合牢固，真正起到固定设备的作用。

（2）浇灌地脚螺栓时，要注意保持地脚螺栓的垂直度，其铅垂度允差为 1/1000。

（3）地脚螺栓放在基础预留孔内，其下端至孔底至少要留 30 mm 的空隙；螺栓至孔壁的距离不得小于 15 mm。如间隙太小，浇灌时不易填满，混凝土内就会出现孔洞。

（4）灌浆时要分层捣实，并且在螺栓周围捣固，以防螺栓倾斜。

（5）灌浆养护后，混凝土强度达到 70% 以上时才允许拧紧地脚螺栓。混凝土达到所需强度的时间与气温有关，一般可参考表 8 - 16。

表 8 - 16　混凝土强度增长与气温关系表

温度/℃	5	10	15	20	25	30
需要天数/d	24	16	12	10	9	8

（6）拧紧地脚螺栓时应注意下列事项：①拧紧地脚螺栓时，螺母下面应放上垫圈，螺母与垫圈、垫圈与设备底座间应接触良好；②"T"字形活动螺栓的"T"字形头应与锚板的长方形孔成正交；③拧紧螺母后，螺栓必须露出螺母 1.5 ~ 5 个螺距；④拧紧地脚螺栓时，应从设备的中间开始，然后往两头交错对称进行，且施力要均匀，即对称均匀紧固法，如图 8 - 22 所示；⑤必须按一定的拧紧力矩来拧紧地脚螺栓，其拧紧力矩可参考表8 - 17。

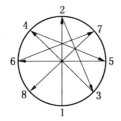 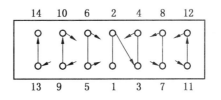

图 8 - 22　拧紧地脚螺栓的次序

表 8 - 17　地脚螺栓拧紧力矩

螺栓直径/mm	10	12	14	16	18	20	22	24	27	30	36
拧紧力矩/(N·m)	10.78	18.62	29.4	47.04	64.68	93.1	127.4	156.8	235.2	313.6	568.4

三、垫铁

在机械设备安装时，通常在设备机座与基础之间加设垫铁。放垫铁的作用是调整设备的标高和水平；承担设备的重量和拧紧地脚螺栓的预紧力；设备的振动也通过垫铁传给基础，以减少设备的振动；使设备与基础之间有一定的距离，便于二次灌浆。所以，在一定意义上说，设备的平稳性取决于垫铁的平稳性。

1. 垫铁的形式和规格

垫铁的种类很多，按形状来分，可以分为平垫铁、斜垫铁、开口型垫铁、开孔型垫铁和钩头成对斜垫铁等，如图 8 – 23 所示。按垫铁材料来分，可分为铸铁垫铁（厚度在 20 mm 以上）和钢板垫铁（厚度在 0.3 ~ 20 mm 之间）。

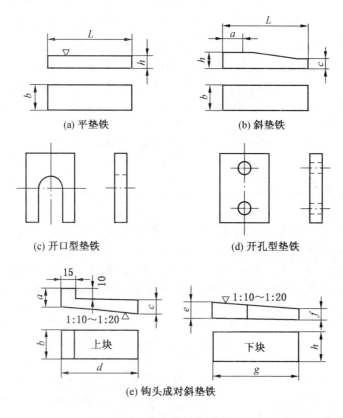

(a) 平垫铁 　　　　　　　　　 (b) 斜垫铁

(c) 开口型垫铁 　　　　　　　　 (d) 开孔型垫铁

(e) 钩头成对斜垫铁

图 8 – 23　垫铁的形式

平垫铁和斜垫铁的规格见表 8 – 18，其厚度 h 可按实际情况确定，如用千斤顶找正找平时，可使用不同厚度的平垫铁；利用斜垫铁（要成对使用）找平较方便，效果好，质量高。大型设备安装多采用平垫铁与斜垫铁配合使用，下部放平垫铁，上部放一对斜垫铁。使用时，应注意斜垫铁与同号平垫铁配合使用，即"斜1"配"平1"，"斜2"配"平2"，"斜3"配"平3"，同时两块斜垫铁的斜度应相同。开口型垫铁和开孔型垫铁，适用于金属结构上，钩头成对斜垫铁多用于不需设置地脚螺栓的设备安装中，其尺寸 a、b、c、d、e、f、g、h 可按实际需要确定。

表 8-18　平垫铁和斜垫铁规格

序号	平 垫 铁				斜 垫 铁					
	代号	L	b	材料	代号	L	b	c	a	材料
1	平 1	90	60	低碳钢或灰铸铁	斜 1	100	50	3	4	低碳钢
2	平 2	110	70		斜 2	120	60	4	6	
3	平 3	125	85		斜 3	140	70	4	3	

2. 垫铁高度的确定

以安装水泵为例来说明垫铁高度的确定方法,如图 8-24 所示。其计算公式如下:

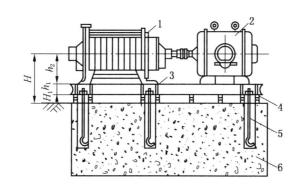

1—水泵；2—电机；3—泵座；4—垫铁；5—地脚螺栓；6—基础

图 8-24　水泵机座与基础间垫铁高度示意图

$$H_1 = H - (h_1 + h_2)$$

式中　H_1——垫铁的总高度；

　　　H——水泵轴中心与一次浇灌基础的实际标高；

　　　h_2——水泵轴心至机体底面高度；

　　　h_1——水泵的机座高度。

3. 垫铁的安放

1) 垫铁的安放原则

(1) 垫铁应放在地脚螺栓的两侧。

(2) 垫铁组在能放稳和不影响灌浆的情况下,应尽量靠近地脚螺栓。

(3) 相邻两垫铁组间距一般为 500~1000 mm。

(4) 垫铁的总面积应根据设备的总重量和地脚螺栓作用在垫铁上的负荷来确定,一般来说,通过垫铁传到基础上的压力不超过 1.2~1.5 MPa。

2) 垫铁的放置方式 (表 8-19)

3) 安放垫铁的注意事项

(1) 在基础上放置垫铁的位置要铲平,使垫铁与基础接触良好。

(2) 每一组垫铁的块数一般不超过 3 块,放置垫铁时,厚的放在下面,薄的放在上面,最薄的放在中间。

表 8-19　垫 铁 的 放 置 方 式

垫法	图　　例	特　　　点
标准垫法	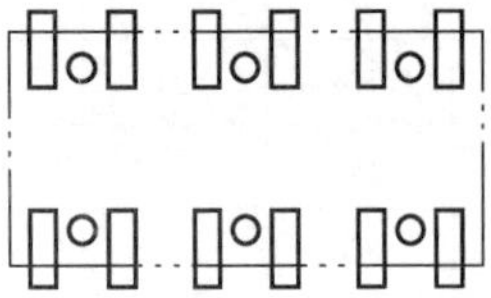	垫铁放置在地脚螺栓的两侧，这是布置垫铁的基本方法，适用于一般设备安装
十字垫法	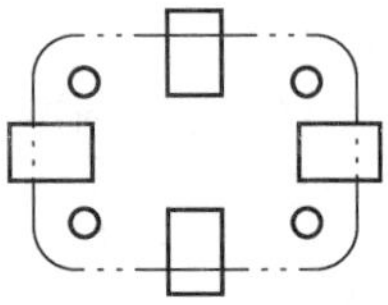	运用于设备底座较小和地脚螺栓间距较近的小型设备
筋底垫法	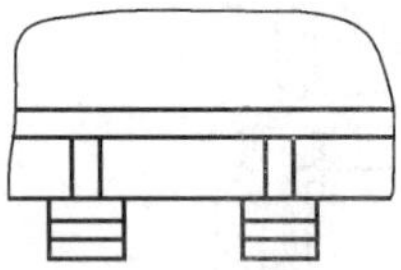	当设备底座下面有筋条时，一定要把垫铁垫在筋条的下面，以加强设备底座的刚性
辅助垫法	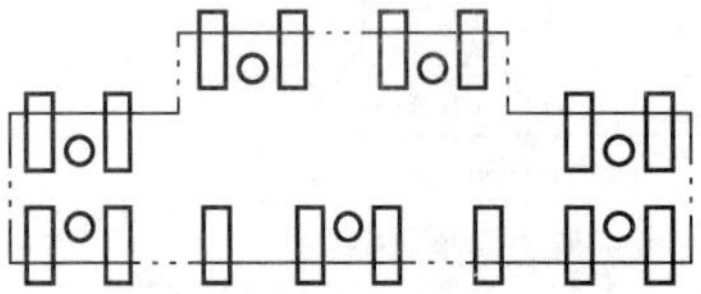	当地脚螺栓间距较远时，应在地脚螺栓中间位置加一组辅助垫铁
混合垫法	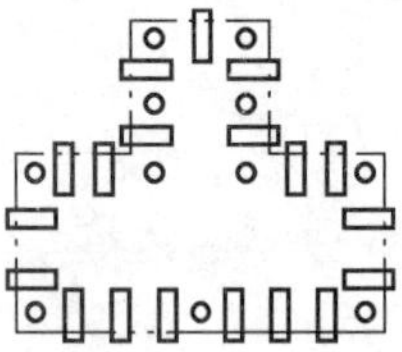	适用于设备底座形式较为复杂和地脚螺栓间距较大设备

（3）垫铁组的总高度一般为 30 ~ 60 mm，重型机械设备可增大到 100 ~ 150 mm。过高会影响设备的稳定性，过低则二次灌浆层不易牢固。

（4）设备找平后，垫铁应露出设备底座底面外缘，平垫铁应露出 10 ~ 30 mm；斜垫铁应露出 10 ~ 50 mm，以利于调整。

（5）垫铁组伸入设备底座底面的长度应超过设备地脚螺栓孔。

（6）每一组垫铁应放置整齐平稳，在拧紧地脚螺栓后，压紧程度应一致。可用 0.25 kg 手锤逐组轻击听音检查，声音清脆响亮者为好。反之，则需进一步调整。

四、二次灌浆

设备找正找平后，用碎石混凝土将设备底座与基础表面间的空隙填满，并将垫铁埋在混凝土里，这项工作称为二次灌浆。二次灌浆的作用，一方面可以固定垫铁，另一方面可以承受设备的负荷（上述方法适用于死地脚螺栓的小型设备）。

图 8 - 25 所示为二次灌浆示意图。灌浆层的厚度不应小于 25 mm；灌浆前应安设外模板 9，外模板至设备底座底面的距离 c 一般不小于 60 mm；当灌浆层承受设备负荷时，应安设内模板 3，内模板至设备底座底面的外缘的距离 b 应大于 100 mm，并不应小于底座底面边宽 d，内模板的高度应等于底座底面至基础的距离。

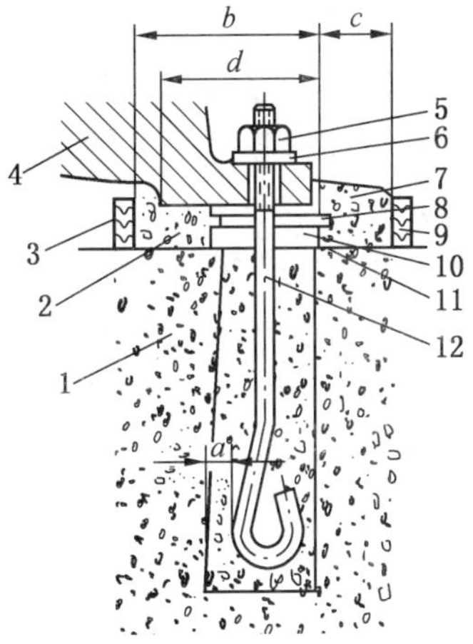

二次灌浆时应注意以下事项：

（1）进行二次灌浆的基础表面应铲有麻面（指铲出一些小坑），其质量要求为：每 100 cm^2 内应有 5 ~ 6 个直径为 10 ~ 20 mm 的小坑，其目的是使二次灌浆的混凝土与基础结合紧密，从而保证设备的稳固。

1—基础；2—灌浆层；3—内模板；4—设备
底座；5—螺母；6—垫圈；7—灌浆层斜面；
8—成对斜垫铁；9—外模板；10—平垫铁；
11—麻面；12—地脚螺栓

图 8 - 25　二次灌浆示意图

（2）灌浆前，基础表面所有杂物和油污应清除干净，地脚螺栓孔要挖干净。

（3）二次灌浆工作一定要一次灌完。

（4）灌浆后应经常洒水养护，以防裂纹。

（5）采用锚板式活地脚螺栓固定的设备，精平后二次灌浆时，应将地脚螺栓孔内灌满干砂，并用纱布等物堵住地脚螺栓孔口，以防混凝土浆水流入孔内。

（6）二次灌浆一般采用细石混凝土或水泥砂浆，细石的粒度为 1 ~ 3 cm。混凝土的标号至少比基础混凝土标号高一级。

第四节　装配基本知识

一、装配工艺规程

1. 装配工艺规程的内容

装配工艺规程是指导装配施工的主要技术文件。其内容包括：

（1）确定所需零件和部件的装配顺序和方法。

（2）确定装配的组织形式。

（3）划分工序并决定工序内容。

（4）确定装配所需的工具和设备。

（5）确定所需的工人技术等级和时间定额。

（6）确定验收方法和检验工具。

2. 制定装配工艺规程的原则

（1）保证产品装配质量。

（2）合理安排装配工序，减少装配工作量，减轻劳动强度，提高装配效率，缩短装配周期。

（3）尽可能减少生产占地面积。

3. 制定装配工艺规程所需的原始资料

（1）产品的总装图和部件装配图、零件明细表等。

（2）产品验收技术条件，包括试验工作的内容及方法。

（3）产品生产规模。

（4）现有的工艺装备、车间面积、工人技术水平以及时间定额标准等。

4. 制定装配工艺规程的方法和步骤

（1）研究分析产品总装配图及装配技术要求，进行结构尺寸和尺寸链的分析计算，以确定达到装配精度的方法。进行结构工艺性分析，将产品分解成独立装配的组件和分组件。

（2）确定装配组织形式。主要根据产品结构特点和生产批量，选择适当的装配组织形式。

（3）根据装配单元确定装配顺序。

（4）划分装配工艺，确定工序内容，所需设备、工具、夹具及时间定额等。

5. 制定装配工艺卡片

大批量生产按每道工序制定装配工艺卡片，成批生产按总装或部装的要求制定装配工艺卡片，单件小批生产按装配图和装配单元系统图进行装配。

二、装配方法

装配方法是使产品达到零件或部件最终配合精度的方法。装配方法可分为以下四种。

（1）互换装配法。即在成批或大量生产中，装配时各配合零件不经修配、选择或调整即可达到装配精度的方法。

（2）分组装配法。即在成批或大量生产中，将产品各配合副的零件按实测尺寸分组，装配时按相应的组进行装配，以达到装配精度的方法。

（3）修配装配法。即在装配时修去指定零件上预留的修配量，以达到装配精度的方法。

（4）调整装配法。即在装配时，改变产品中可调整零件的相对位置或选用合适的调整件装配，以达到装配精度的方法。

三、装配工作要点

（1）零件的清理和清洗。清理包括去除零件上残留的型砂、铁锈、切屑、毛刺等。清洗是去除影响装配质量和精度的污物，确保零件清洁。

（2）配合表面在装配前一般都要加润滑剂，以保证润滑良好和装配时不产生零件表面拉毛现象。

（3）相配零件的配合尺寸要准确，对重要配合尺寸应进行复验，这对于保证配合间隙和实际过盈量尤为重要。

（4）每个工步装配完毕，应进行检查。

（5）试运转前必须进行静态检查，熟悉运转内容及要求。在试运转过程中，应认真记录。

四、螺纹连接的预紧、防松及装配方法

1. 螺纹连接的预紧

1）拧紧力矩的确定

为了得到可靠、紧固的螺纹连接，必须保证螺纹副具有一定的摩擦力矩，此摩擦力矩是由施加拧紧力矩后使螺纹副产生一定的预紧力而获得。

2）控制螺纹拧紧力矩的方法

（1）利用专门的装配工具控制拧紧力矩的大小，如测力扳手、定扭矩扳手、电动扳手、风动扳手等。这类工具在拧紧螺栓时，可在读出所需拧紧力矩的数值时终止拧紧，或达到预先设定的拧紧力矩时便自动终止拧紧。

（2）测量螺栓的伸长量控制拧紧力矩的大小。如图 8－26 所示，螺母拧紧前螺栓的原始长度为 L_1，按规定的预紧力拧紧后螺栓的长度为 L_2。测定 L_1 和 L_2，根据螺栓的伸长量（按装配工艺文件规定或计算）可以确定拧紧力矩是否达到要求。

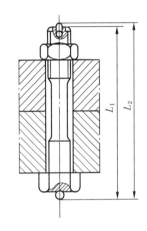

图 8－26　测量螺栓的伸长量

（3）扭角法。其原理与测量螺栓伸长量法相同，只是将伸长量折算成螺母与各被连接件贴紧后再拧转的角度。

2. 螺纹连接的防松

螺纹连接一般都具有自锁性，受静载荷或工作温度变化不大时，不会自行松脱。但在冲击、振动以及工作温度变化很大时可能产生松脱。为了保证连接可靠，必须采用防松装置。常用的防松装置有摩擦力防松装置和机械防松装置两大类，见表 8－20。另外，还可以采用冲击防松和粘接防松方法。

表 8-20　常用防松装置

摩擦力防松	弹簧垫圈	对顶螺母	自锁螺母
机械防松	槽型螺母和开口销	圆螺母用带翅片	止动片

3. 螺纹连接的装配

1）常用螺纹连接的种类（表8-21）

表8-21　螺纹连接种类及应用

名　称	图　例	应　用　场　合
普通螺栓连接	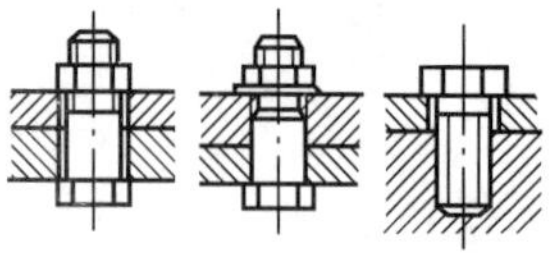	在机械制造中广泛应用
双头螺栓连接	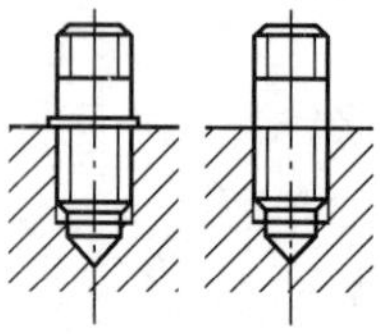	主要用在不经常拆卸的部位上，而上面的连接件可以经常拆卸，方便修理和调整
机用螺栓连接	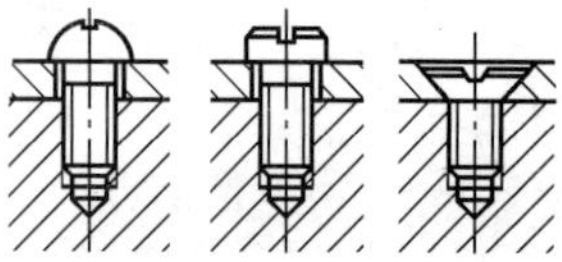	一般用在一些受力不大、质量较轻的机件上
内六方螺栓连接	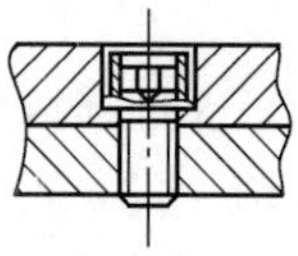	广泛应用于箱体盖及夹具中的定位板、齿条及密封装置中

2）装拆螺纹连接的工具

常用装拆工具有活扳手、呆扳手、内六角扳手、套筒扳手、棘轮扳手、旋具等。在装拆双头螺栓时，采用专用工具。

3）螺纹连接的装配要点

（1）双头螺栓与机体螺纹连接应有足够的紧固性，连接后的螺栓轴线必须和机体表面垂直。

（2）为了润滑和防锈，在连接的螺纹部分均应涂润滑油。

（3）螺母拧入螺栓紧固后，螺栓应高出螺母1.5个螺距。

（4）拧紧力矩要适当，太大时，螺栓或螺钉易被拉长，甚至断裂或导致机体变形；太小时，不能保证工作时的可靠性。

（5）拧紧成组螺栓或螺母时，应按一定的顺序进行。

（6）连接件在工作中受振动或冲击时，要装好防松装置。

五、键连接的装配

键连接可分为松键连接、紧键连接和花键连接三种，如图8-27所示。

1. 松键连接的装配

松键连接应用最广泛，分为普通平键连接、半圆键连接、导向平键连接，如图 8 - 27a、图 8 - 27b 和图 8 - 27c 所示，特点是只承受转矩而不能承受轴向力。其装配要点如下：

（1）消除键和键槽毛刺，以防影响配合的可靠性。

（2）对重要的键，应检查键的直线度、键槽对轴线的对称度和平行度。

（3）用键的头部与轴槽试配，保证其配合。然后锉键长，在键长方向普通平键与轴槽留有约 0.1 mm 的间隙，但导向平键不应有间隙。

（4）配合面上加机油后将键压入轴槽，应使键与槽底贴平。装入毂件后半圆键、普通平键、导向平键的上表面与毂槽的底面应留有间隙。

2. 紧键连接的装配

紧键连接主要指楔键连接，楔键连接分为普通楔键连接和钩头楔键连接两种。图 8 - 27d 所示为普通楔键连接。键的上表面和毂槽的底面有 1∶100 的斜度，装配时要使键的上、下工作面和轴槽、轮毂槽的底部贴紧，而两侧面应有间隙。键和轮毂槽的斜度一定要吻合。钩头楔键装入后，钩头和套件端面应留有一定距离，供拆卸用。

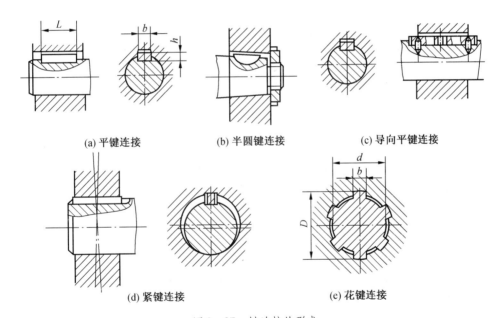

图 8 - 27　键连接的形式

紧键连接装配要点是：装配时，用涂色法检查接触情况，若接触不好，可用锉刀或刮刀修整键槽底面。

3. 花键连接的装配

按工作方式，花键连接（图 8 - 27e）有静连接和动连接两种形式。

花键连接的装配要点是：花键的精度较高，配前稍加修理就可进行装配。静连接的花键孔与花键轴有少量过盈，装配时可用铜棒轻轻敲入。动连接花键其套件在花键轴上应滑动自如，灵活无阻滞，转动套件时不应有明显的间隙。

六、销连接的装配

销连接有圆柱销、圆锥销、开口销等种类。其装配要点如下：

（1）圆柱销按配合性质有间隙配合、过渡配合和过盈配合，使用时应按规定选用。

（2）销孔加工一般在相关零件调整好位置后，一起钻削、铰削，其表面粗糙度为 $R_a3.2\ \mu m \sim R_a1.6\ \mu m$。装配定位销时，在销子上涂机油，用铜棒轻敲销子头部，把销子打入孔中，或用 C 形夹将销子压入。对于盲孔，销子装入前应磨出通气平面，让孔底空气能够排出。

（3）圆锥销装配时，锥孔铰削深度宜用圆锥销试配，以手推入圆锥销长度的 80% ～ 85% 为宜。圆锥销装紧后大端倒角部分应露出锥孔端面。

（4）开尾圆锥销打入孔中后，将尾端开口扳开，防止振动时脱出。

（5）销顶端的内、外螺纹，便于拆卸，装配时不得损坏。

（6）过盈配合的圆柱销，一经拆卸就应更换，不宜继续使用。

七、过盈连接的装配

过盈连接是依靠包容件和被包容件配合的过盈值达到紧固连接的连接方式。装配后，配合面间产生压力；工作时，依靠此压力产生摩擦力来传递转矩和轴向力。

过盈连接按结构形式可分为圆柱面过盈连接、圆锥面过盈连接和其他形式过盈连接。

1. 过盈连接装配技术要求

（1）应有足够、准确的过盈值，实际最小过盈值应等于或稍大于所需的最小过盈值。

（2）配合表面应具有较小的表面粗糙度，一般为 $R_a0.8\ \mu m$。圆锥面过盈连接还要求配合接触面积达到 75% 以上，以保证配合稳固性。

（3）配合面必须清洁，配合前应加油润滑，以免拉伤表面。

（4）压入时必须保证孔和轴的轴线一致，不允许有倾斜现象。压入过程必须连续，速度不宜太快，一般为 2～4 mm/s（不应超过 10 mm/s），并准确控制压入行程。

（5）细长件、薄壁件及结构复杂的大型件过盈连接，要进行装配前检查，并按装配工艺规程进行，避免装配质量事故。

2. 圆柱面过盈连接装配

（1）压入法。当过盈量较小、配合尺寸不大时，在常温下压入。

（2）热胀配合法。将过盈连接的孔加热，使之胀大，然后将常温下的轴装入胀大的孔中，待孔冷却后，轴孔就形成过盈连接。加热设备有沸水槽（80～100 ℃）、蒸汽加热槽（120 ℃）、热油槽（90～320 ℃）、电阻炉、红外线辐射加热箱、感应加热器等，可根据工件尺寸大小和所需加热的温度选用。

（3）冷缩配合法。将轴低温冷却，使之缩小，然后与常温的孔装配，得到过盈连接。对于过盈量较小的小件采用干冰冷却，可冷却至 - 78 ℃；对于过盈量较大的大件采用液氮冷却，可冷却至 - 195 ℃。

3. 圆锥面过盈连接装配

圆锥面过盈连接是利用锥轴和锥孔在轴向相对位移互相压紧而获得的过盈连接。

1）常用的装配方法

（1）螺母拉紧圆锥面过盈连接。如图 8 – 28a 所示，拧紧螺母，使轴孔之间接触之后获得规定的轴向相对位移。此法适用于配合锥度为 1：30～1：8 的圆锥面过盈连接。

（2）液压装拆圆锥面过盈连接。适用于配合锥度为 1：50～1：30 的圆锥面过盈连接，如图 8 – 28b 所示，将高压油从油孔经油沟压入配合面，使孔的小径胀大，轴的大径缩小，同时施加一定的轴向力，使轴孔互相压紧。

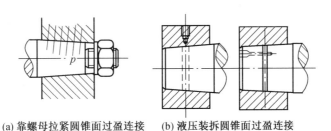

(a) 靠螺母拉紧圆锥面过盈连接   (b) 液压装拆圆锥面过盈连接

图 8 – 28　圆锥面过盈连接装配

利用液压装拆过盈连接时，配合面不易擦伤，但对配合面接触精度要求较高，需要高压液泵等专用设备。这种连接多用于承载较大且需多次装拆的场合，尤其适用于大型零件。

2）常用装配工具

图 8 – 29 所示是一种液压套合装置。使用时，压力油使压力机活塞向上移产生轴向力，将轴、锥套和齿轮压紧。压力油同时经过进油截止阀 8 和高压单向阀 5，进入低压腔 7 和高压腔 6，由于增压活塞 10 两端面积差而产生压力差，使增压活塞 10 向前推移，高压腔 6 中的油便产生更大压力（增压作用），把包容件孔扩大。由于已存在轴向力，使轴和锥套装到准确位置。

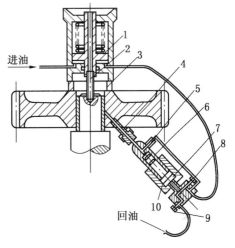

1—压力机活塞；2—拉紧螺钉；3—垫圈；4—接头；5—高压单向阀；6—高压腔；7—低压腔；8—进油截止阀；9—回油截止阀；10—增压活塞

图 8 – 29　液压套合装置

3）注意事项

利用液压装拆圆锥面过盈连接时，要注意以下几点：

（1）严格控制压入行程，以保证规定的过盈量。

（2）开始压入时，压入速度要小。此时配合面间有少量油渗出，是正常现象，可继续升压。如油压已达到规定值而行程尚未达到时，应稍停压入，待包容件孔逐渐扩大后，再压入到规定行程。

（3）达到规定行程后，应先消除径向油压，再消除轴向油压，否则包容件常会弹出而造成事故。

（4）拆卸时的油压应比套合时低。每拆卸一次再套合时，压入行程一般稍有增加，增加量与配合面锥度的加工精度有关。

（5）套装时，配合面要保持洁净，并涂以经过滤的轻质润滑油。

八、管道连接的装配

1. 管道连接的类型

管道由管、管接头、法兰、密封件等组成。常用管道连接形式如图8-30所示。

图8-30a所示为焊接式接头，将管子与管接头对中后焊接；图8-30b所示为扩口式接头，将管口扩张，压在接头体的锥面上，并用螺母拧紧；图8-30c所示为卡套式接头，拧紧螺母时，由于接头体尾部锥面的作用，使卡套端部变形，其尖刃口嵌入管子外壁表面，紧紧卡住管子；图8-30d所示为高压软管接头，装配时先将管套套在软管上，然后将接头体缓缓拧入管内，将软管紧压在管套的内壁上。图8-30e所示为管端密封面为锥面，用透镜式垫圈与管锥面形成环形接触面而密封。

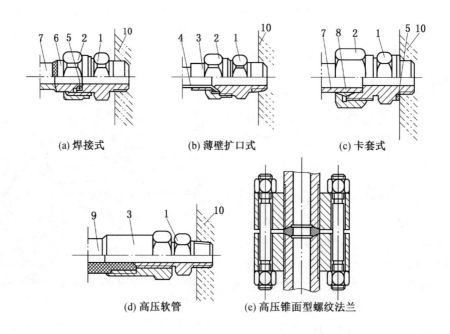

(a) 焊接式　　　　(b) 薄壁扩口式　　　　(c) 卡套式

(d) 高压软管　　　(e) 高压锥面型螺纹法兰

1—接头体；2—螺母；3—管套；4—扩口薄管；5—密封垫；6—接管；

7—钢管；8—卡套；9—橡胶软管；10—液压元件

图8-30　管道连接的形式

2. 管道连接装配技术要求

（1）管子的规格必须根据工作压力和使用场合进行选择，应有足够的强度，内壁光滑、清洁、无砂眼、锈蚀等缺陷。

（2）切断管子时，断面应与轴线垂直。弯曲管子时，不要把管子弯扁。

（3）整个管道要尽量短，转弯次数少。较长管道应有支撑和管夹固定，以免振动。同时，要考虑有伸缩的余地。系统中任何一段管道或元件应能单独拆装。

（4）全面管道安装定位后，应进行耐压强度试验和密封性试验。对于液压系统的管路系统还应进行二次安装，即拆下管道清洗再安装，以防止污物进入管道。

九、带传动的装配

V 带传动、平带传动等带传动形式都是依靠带和带轮之间的摩擦力来传递动力的。为保证其工作时具有适当的张紧力，防止打滑，减小磨损及传动平稳，装配时必须按带传动机构的装配技术要求进行：

（1）带轮对带轮轴的径向圆跳动应为 $(0.0005 \sim 0.0025)D$，端面圆跳动应为 $(0.0005 \sim 0.001)D$（D 为带轮直径）。

（2）两轮的中间平面应重合，其倾斜角一般不大于 $1°$，倾角过大会导致带磨损不均匀。

（3）带轮工作表面粗糙度要适当，一般为 $R_a 3.2 \ \mu m$。表面粗糙度太细带容易打滑；过于粗糙带磨损加快。

（4）对于 V 带传动，带轮包角不小于 $120°$。

（5）带的张紧力要适当。张紧力太小，不能传递一定的功率；张紧力太大，则轴易弯曲，轴承和带都容易磨损并降低效率。张紧力通过调整张紧装置获得。对于 V 带传动，合适的张紧力也可根据经验来判断，用大拇指在 V 带的切边中间处，能按下 15 mm 左右为宜。

（6）带轮孔与轴的配合通常采用过渡配合。

十、链传动的装配

为保证链传动工作平稳，减少磨损，防止脱链和减小噪声，装配时必须按照以下要求进行：

（1）链轮两轴线必须平行。否则将加剧磨损，降低传动平稳性并增大噪声。

（2）两链轮的偏移量小于规定值。中心距小于 500 mm 时，允许偏移量为 1 mm；中心距大于 500 mm 时，允许偏移量为 2 mm。

（3）链轮径向、端面圆跳动小于规定值：链轮直径小于 100 mm 时，允许跳动量为 0.3 mm；链轮直径小于 $100 \sim 200$ mm 时，允许跳动量为 0.5 mm；链轮直径小于 $200 \sim 300$ mm时，允许跳动量为 0.8 mm。

（4）链的下垂度适当。下垂度为 f/l，f 为下垂量（单位为 mm），l 为中心距（单位为 mm）。允许下垂度一般为 2%，目的是减少链传动的振动和脱链故障。

（5）链轮孔和轴的配合通常采用 $\dfrac{H7}{k6}$ 过渡配合。

（6）链接头卡子开口方向和链运动方向相反，避免脱链事故。

第九章　综采设备的安装与调试

第一节　综采设备安装与调试的要求

搞好综采工作面的安装与调试工作，是能否一次投产成功的关键。综采设备安装与调试的具体要求见表9-1。

表9-1　综采设备安装与调试的要求

项　目	内　容
快速安装	安装前做好准备工作，运输安装过程尽量采用先进机具和流水、平行作业方式，提高工效，缩短工期
保证质量	新安装工作面设备的完好率应达到95%以上，工程质量必须达到一级，供电必须达到"三无、四有、两齐、三全、三坚持"的标准
安全施工	综采工作面设备安装时，必须严格执行《煤矿安全规程》、有关操作规程、作业规程和以岗位责任制为中心的各项管理制度，加强检查、维护和管理，做到事事处处照章办事，杜绝事故的发生
降低成本	认真执行安装与施工组织设计，精打细算，强化管理，降低安装成本

第二节　综采设备安装准备工作

综采设备安装前，需要做好安装与施工组织设计、组织准备、井巷准备、设备准备、装车准备、安装准备等六项准备工作。

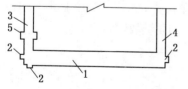

1—开切眼；2—绞车硐室；3—运输巷道；
4—回风巷道；5—液压支架组装硐室
图9-1　开切眼硐室位置示意图

一、安装与施工组织设计

安装设计包括安装方法和所用设备的选择，组装硐室、绞车硐室和调车线的设计、施工组织设计安排、安全措施等。图9-1所示为开切眼硐室位置示意图，安装设计见表9-2。

二、设备准备

凡是新出厂的设备，入井前都要在地面进行认真的全面检查及试运转。凡是第一次上综采的矿井或采用新型号综采设备的矿井，综采设备及其新配套的设备，都要在地面组装联合试运转，检查配套性能与联合运转情况。对安装所用设备和辅助设备如单轨吊、卡轨

表9-2　安　装　设　计

安装方法	解体入井	当受到矿井条件和支架外形尺寸的限制，需将支架解体入井时，在工作面进设备的工作面巷道内预先掘进支架组装硐室，以便在此组装支架后运入工作面
	整体入井	如果井巷条件允许液压支架整体装车入井并能顺利运入工作面，则无需专门开掘支架组装硐室
组装硐室和绞车硐室		液压支架组装硐室的规格一般为 8000 mm×5000 mm×4500 mm（长×宽×高）。锚杆或工字钢棚子支护，棚梁上装备起吊用的防爆型电动葫芦和手动葫芦。绞车硐室是为安装牵引绞车而设置的。开切眼内一般要开 2~3 个绞车硐室，其规格为 2000 mm×20000 mm×2000 mm（长×宽×高）
调车线		在支架组装硐室外设双轨调车线。每条调车线的长度要能保证存放 7~10 辆平板车
绞车的钢丝绳验算		验算公式 $$F_1 = (Q + Q_1)(\sin\alpha + f_1\cos\alpha) + PL(\sin\alpha + f_1\cos\alpha)$$ 式中　F_1—钢丝绳所受拉力，N； 　　　Q—设备质量，kg； 　　　Q_1—平板车质量，kg； 　　　α—巷道倾角，（°）； 　　　f_1—车辆与轨面摩擦系数； 　　　P—钢丝绳质量，kg/m； 　　　L—钢丝绳总长，m。 $$M = \frac{F_2}{F_1} > 5$$ 式中　M—安全系数； 　　　F_2—钢丝绳运动阻力系数； 　　　F_1—钢丝绳的破断力，N； 　　　5—最小安全系数。

车、运输绞车、安装绞车、起重设备、配车设备等，均应按质量标准认真验收，符合验收标准方可安装使用。对装运设备中拆开的液压胶管，一律用塑料堵封堵。

三、装车准备（表9-3）

表9-3　装　车　准　备

装车准备	装车要求	配车要求
运输车辆包括平板车、材料车和矿车等。车辆的实际数量要能同时满足地面装车、运输、安装、空车回程等要求，综采工作面设备安装一般需要平板车 30~50 辆，矿车 15~20 辆	运送综采设备的平板车，要有特制的锁紧装置，以固定物件，保证设备在平巷以及上下山运输时安全不倾覆。自制专用的车辆宽度和轴距，必须符合巷道宽度和曲率半径的要求	根据井下设备安装顺序、车场长度、安装进度要求，设备在入井时要按照实际需要进行配车。不论液压支架、采煤机、刮板输送机都必须注意车辆入井的顺序。设备装车时要根据工作面的装车要求和所经巷道及道岔的数量，确定设备哪一端朝前

四、安装准备（表 9－4）

表 9－4　安　装　准　备

准备项目		内　容　要　求
准备起重运输机具		1. 根据工作面起吊运输的设备、零部件的需要，选防爆电动葫芦、手动葫芦钢丝绳、锚链、绞车、各种滑轮、起重横梁、装设备的各种车辆等设备和工具 2. 检查所有选用的起重运输机具，保证台台（件件）完好
泵站、照明、绞车硐室等提前安装好		1. 在工作面的主要安装地段提前安装照明灯 2. 安装临时乳化液泵站及管路 3. 根据安装施工组织设计，铺设道轨，安装绞车变向轮和滑轮等
起重运输安全措施	起重	1. 起重时应将绳套捆绑在设备的重心以上，不准把设备的外凸处如手柄等当作吊装挂绳用 2 必须设一名具有丰富起吊经验的人员作为吊装总指挥员，统一指挥。吊装前必须检查绳索是否捆好，要统一信号。吊装指挥员站在所有人员能看到的位置，严禁人员随同吊装设备升降或在吊起的设备下通过 3. 使用千斤顶起重时，千斤顶应放平整，并在其上下垫上坚韧的木料，但不能用沾有油污的木料或铁板垫衬，防止打滑。为了预防千斤顶滑脱或损坏，发生危险，必须及时在重物下垫保险枕木 4. 不得侧置或倒置使用千斤顶 5. 用作起吊支撑架的超重横梁，要安全牢靠。起吊重物时必须是垂直上吊、严禁斜吊，以防将支架拉倒造成事故 6. 根据不同起重作业要求，正确选择钢丝绳结扣和绳卡。检查发现钢丝绳断丝磨损超过规定时要及时更换 7. 使用锚链（圆环链）起重时，必须装上联接环螺栓，并拧紧螺母，严禁使用报废锚链起吊设备
	运输	1. 车辆联接装置必须牢固可靠，斜坡运输时必须加有保险绳 2. 机车运送设备时，接近风门、巷口、运行硐室出口、弯道、道岔、坡度较大或噪声大等处，以及前方有机车或视线不清时，都必须低速并发出警号 3. 运物料时，列车制动距离不得超过 40 m 4. 两机车或两列车在同一轨道同向运行时，其间距不得小于 100 m 5. 能自溜的坡道上不停放车辆，车辆必须停放在平台上，用可靠的制动器或阻车器稳住车辆，以防发生跑车事故 6. 液压支架整架运输时，侧护板除本身的液压锁紧外，还要用机械或其他方法锁紧 7. 在有架线的轨道上，运送液压支架或其他大件时，应在被运物件的顶部盖好绝缘胶皮，以防发生触电或短路事故 8. 在轨道斜坡用绞车拉运设备时，必须配备专职的、操作熟练的绞车司机、把钩工和信号工，对绞车的各部件和制动装置要经常检查，确保完好；严格执行"行车不行人，行人不行车"的安全制度 9. 支架在平巷及斜巷运输时，应怎样牵引必须写明

第三节 综采设备的安装

综采设备的安装，必须是在巷道工程完全符合设计和质量要求，安装前的一切准备工作全部就绪的前提下进行。

一、安装顺序及作业方式

根据顶底板岩石性质、切眼断面尺寸和成形方式，综采设备安装顺序一般有三种形式，见表9-5。设备进入工作面的顺序、路线和作业方式，见表9-6。

表9-5 综采设备安装顺序

设备安装顺序	优 缺 点	适用条件
安装液压支架→安装工作面刮板输送机→安装采煤机。工作面巷道转载机、可伸缩带式输送机和电气设备的安装，可与工作面的设备安装平行作业	开切眼断面尺寸较小，可边安装液压支架，边刷帮扩大切眼断面。采用这种方式，可避免因切眼面积大、顶板维护困难，给液压支架开始工作造成困难。又因此法是安装液压支架与切眼刷帮交叉作业，组织工作比较复杂，两者相互干扰影响安装进度。特别是刮板输送机安装后，一般还要适当调整支架上推移千斤顶与刮板输送机连接装置的相对位置	适用于顶板破碎煤层
安装工作面刮板输送机、工作面巷道转载机和可伸缩式输送机→采煤机→液压支架	先开小断面开切眼，安装工作面刮板输送机、工作面巷道转载机和可伸缩式输送机，形成运输系统。采煤机安装后即可割煤扩帮，刷大开切眼。顶板用木柱或单体液压支柱支护。由于工作面刮板输送机已预先安装好，对液压支架的运送、安装、定位均有好处	适应于顶板较破碎的煤层
同时安装工作面刮板输送机、工作面巷道转载机、可伸缩带式输送机、泵站和电气设备等→液压支架→采煤机	由于刮板输送机预先安装好，对液压支架的运送、安装、定位比较有利，组织工作比较简单。但开切眼尺寸较大，支柱（或棚子）的替换工作比较复杂	适用于顶板较稳定的煤层

表9-6 综采设备安装作业方式

项 目	内 容
设备进入工作面的顺序和路线	设备进入工作面的顺序和路线要适应设备安装的顺序。一般情况下，沿运输巷道运入的设备有工作面刮板输送机机头部、转载机及其推进装置、破碎机、可伸缩带式输送机、乳化液泵站、冷却灭尘泵、电气设备、电缆及各路管路等；沿回风巷道运入的设备有工作面刮板输送机溜槽及其配套的挡煤板和铲煤板、工作面刮板输送机的机尾、液压支架、采煤机和工作面管路等
作业方式	综采工作面安装应平行作业。具体做法是：由液压支架安装组、液压支架运送组与支护专业组等组成工作面安装作业大组；由运输机专业组、电气设备组与综合作业组组成作业大组。工作面刮板输送机机头安装完后，以此为起点，两个作业组分头向工作面机尾和运输巷道口方向顺序安装。安装完一台设备，专业组长就检查验收一台

二、液压支架的安装

液压支架的安装工作包括支架运送、安装方法选择、安装程序等内容。

1. 开切眼内支架的运送方法

运到运输巷道内的支架需要送到开切眼内进行安装，其运送方法见表9-7。

表9-7　开切眼内支架的运送方法

运送方法			施　工　过　程	适用条件
利用工作面刮板输送机运输液压支架			工作面刮板输送机安装时，先不装挡煤板、电缆槽和机尾传动装置。在输送机溜槽上设置滑动平板车，将支架放置在小车上，用锚链拴紧，由刮板输送机带动平板车运送到安装地点。然后用小绞车将支架拉下，进行调向、对位调整，接管送液后，即可支撑顶板。安装好一部分支架后，可相应安装输送机的挡煤板和电缆槽。这种方式导向可靠，但因近水平煤层摩擦阻力较大很少采用	适用于缓倾斜和倾斜煤层
利用绞车运输液压支架	沿轨道运送	直接拉到安装点	回风巷和开切眼高度较大时，直接将运载支架的平板车用绞车拉到安装地点。因为小回风巷和开切眼交接处的空顶面积较大，此处的轨道应取 6~6.5 m 的曲率半径 1—临时轨道；2—平板车；3—液压支架；4—小绞车； 5—刮板输送机；6—顺槽转载机；7—泵站 液压支架装平板车沿轨道送入	适用于中厚煤层
	用导向滑板拖运		工作面底板松软不能沿底板拖运支架，且工作面高度又不允许装支架的平板车直接运送时，可在底板上铺设双轨，轨道上设置导向滑板，支架放置在导向滑板上，用绞车拖到安装地点	适用于煤层底板松软条件
	沿煤层底板拖运		若煤层底板坚硬、平滑、抗压强度大，沿底板拖运支架不会造成底板下陷时，可将支架直接放在底板上，用绞车拖到安装地点，再用两台绞车进行调向、对位调整。这种方法简易易行，但导向性差，支架调向也比较困难	适用于煤层底板坚硬条件

表9-7（续）

运送方法	施　工　过　程	适用条件
利用绞车运输　　　沿煤层底板拖入	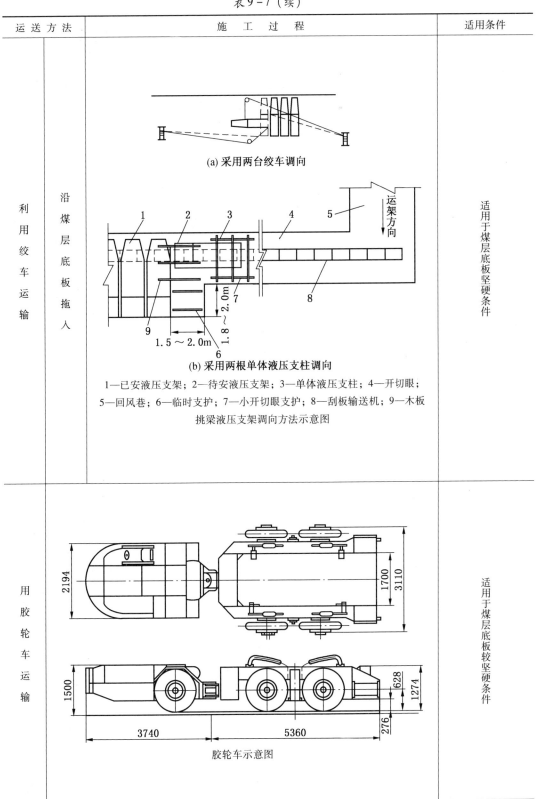	适用于煤层底板坚硬条件
用胶轮车运输		适用于煤层底板较坚硬条件

(a) 采用两台绞车调向

(b) 采用两根单体液压支柱调向

1—已安液压支架；2—待安液压支架；3—单体液压支柱；4—开切眼；
5—回风巷；6—临时支护；7—小开切眼支护；8—刮板输送机；9—木板
挑梁液压支架调向方法示意图

胶轮车示意图

2. 支架安装方法（表9－8）

表9－8　支架安装方法

安装方法	安 装 过 程	优缺点分析
前进式安装法	工作面压力大和顶板破碎时，可采取由工作面端头开始向里边扩巷边安装支架的前进式安装法。此法的安装顺序与支架运送方向一致，支架从入口开始依次往里安装。支架安装的同时，里边的开切眼逐步扩大，并在已安好支架的掩护下进行。支架进入时尾部朝前，以便调向入位，减小空顶面积。为给下架支架的安装创造条件，在安装本架时顶梁上可预先挑上3块2～2.5 m长的大板梁支撑，卸车、调向、摆正、定位，主要是用绞车牵引，必须注意钢丝绳与支架的连接。支架调向时严防碰伤支架的棚腿，对碍事的棚柱，可以替换，补上临时支柱，防止冒顶。可制作一辆专业安装使用的转盘车，支架可以在车上转动。支架运输到组装硐室后，吊到转盘平车上，运送到安装地点，旋转90°，对准安装位置，用绞车拉下支架并拖到安装位置 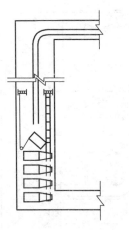 1—轨道；2—支护板；3—支架；4—绞车 前进式安装示意图	前进式安装的优点：有利于扩帮与安装平行作业。缺点：第一架支架安装位置必须事前给出，既要保证支架与输送机连接位置准确，又要达到运煤时卸煤点合理，不会出现卡堵和拉回煤现象；安装工作面输送机挡煤板因受液压支架底座影响，很不方便，影响安装效率；必须沿工作面方向给出安装支架基准线；逐段扩帮时，装煤及运煤工作量大，劳动强度大
后退式安装法	在顶板较好的情况下，开切眼一次掘好或一次扩好，铺轨后（或不铺轨）即可由里向外逐架进行安装。为了便于掌握支架间距，保证安装质量，将运送支架的轨道铺设在靠采空区一侧，工作面输送机可先于支架安装，每安一架就与输送机溜槽连接一架（图a）；先安好支架后安输送机时，先在工作面距煤壁1.6 m处，平行工作面挂一条支 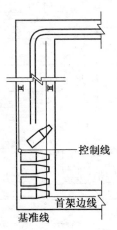 (a) 支架与输送机同时安装　　(b) 先安装支架后安装输送机 后退式安装示意图	根据输送机头的位置，确定工作面第一架支架的位置和全部支架的安装定位，确保架间距1.5 m；能够保证安装后液压支架垂直于工作面输送机；安装工作面输送机时，工作空间较大，不受液压支架影响和制约；开切眼内出现片帮和局部冒顶后，可通过已形成的运煤系统进行清理，缩短清理时间，减轻劳动强度，开切眼内整洁，便于做到文明施工，安全施工

表 9-8（续）

安装方法	安　装　过　程	优缺点分析
后退式安装法	架安装基准线，然后垂直基线在工作面端部安装第一架支架并进行定位，以后沿工作面每 6 m 挂一条垂直基准线的控制线，在此 62 m 范围内安装 4 架支架（图 b）。在支架安装中不断使用控制线校核支架的位置，以保证支架定位准确，准确与输送机的溜槽连接支架。在工作面安装地点的卸车、调向、摆正和定位等与前进式安装相同。支架定位后，接通连接泵站的高压乳化液管和回油管，将支架升起支撑顶板。为排除支架立柱内存留的空气，应将支架反复升降几次。安装完毕，要详细检查，达到安装质量标准和设备完好标准，方可安装下一架	

　　综采放顶煤液压支架的安装与一般液压支架的安装基本相同，只是低位、中位综采放顶煤液压支架在安装时，随支架的安装及时安装工作面后部刮板输送机。因此综采放顶煤液压支架的安装，本书不再赘述。

　　3. 液压支架安装程序（表 9-9）

表 9-9　液压支架安装程序

程　序	内　容
支架运进开切眼前的准备	1. 运支架前先检查巷道支护情况，若有断梁、折断或支护不当变形、倒柱等不完整处，要及时采用套棚的方法，加强支护 2. 对所属范围内的轨道加强维护 3. 准备 30 根 3.15 m 的单体液压支柱，3 根 $\phi200 \times 5000$ mm 的红松圆木，接好 2 支注液枪 4. 拆去输送机机头处的一节轨道，从输送机机头处的煤帮柱开始，平行开切眼方向距中间点柱 150 mm 处，用 $\phi200 \times 5000$ mm 红松圆木架设两架抬棚，每架梁下支 4 根单体支柱
液压支架安装过程及注意事项	1. 第一架支架的安装 　安装时，先定好安装第一架支架的位置，拆除输送机机头距安装地点 10 m 处的轨道。支架运至轨道端头后，拆除固定支架定位装置，绞车牵引卸车，沿底板牵引支架到安装地点，用两台绞车进行调向、对位。第一架支架进入调向位置后，及时回掉影响支架定位的临时支护。支架定位后，立即接通供液回液管路，升架支撑顶板 　2. 第二架支架的安装 　（1）第二架支架卸车前要先拆去一节轨道。支架卸车后，及时拆除影响支架调向的支柱 　（2）支架入位后，在支架顶梁上插入三根 $\phi200 \times 2900$ mm 的长梁；即在刮板输送机道靠点柱插一根长梁插入支架 300 mm，长梁悬空端要支单体支柱；第二根长梁插在二排点柱中间的支架的顶梁上，方法与第一根相同；第三根长梁插在轨道侧靠中间点柱处，插入支架顶梁上 1 m，悬空端支单体支柱。然后升紧支柱，用背板木楔将原棚梁与插梁背紧构实 　（3）支架升紧后，在无点柱、无插梁支护的每根棚梁下支好单体支柱 　3. 第三架支架的安装 　（1）第三架支架卸车后，先拆除掉影响支架调向的支柱，进行支架调向 　（2）班长要负责观察支架的调向情况，不得碰撞挤压长梁下支设的单体液压支柱。若有撞倒单体支柱可能时，立即停止拉架、升架或调整拉架方向 　（3）若调整拉架方向后，长插梁下的单体液压支柱仍影响调向时，可在两排点柱中间架设双腿棚，与中间锁上插梁组成连锁抬棚，必须把中间插梁向支架顶梁上再插进 1 m。双腿棚用 $\phi200 \times 2900$ mm 的红松圆木，双腿用 2 根单体液压支柱支牢，其连锁段不小于 1.4 m 　（4）支架入位后，及时在支架顶梁上插入 3 根圆木，方法同第二架安装（2）条所述。在

表 9 - 9（续）

程　序	内　容
液压支架安装过程及注意事项	二排点柱中间插梁时，对于有影响的棚腿，在确保该棚架有一梁两柱时，可将其回掉。不是一梁两柱时，要先支好单体柱后再回架棚腿。一般回两架棚的棚腿，保证中间插梁的悬空端在二排点柱中间 　4. 第四架及其他支架入位的工序 　拆一节轨道→支架卸车→拆除影响支架调向定位的支柱→支架调向定位支架顶梁上插梁升架。依此类推 　5. 支架入位到棚梁区段时，在每个支架顶梁上插入 3 根 ϕ200 × 3000 mm 的红松圆木，插梁间距 1.5 m，插入顶梁上的长度为 1 m，悬臂长 2 m，支好后，方可回掉长棚梁下的点柱 　6. 最后一架支架定位后，要顺回风巷在支架顶梁上插一根 ϕ200 × 5000 mm 红松圆木，插梁的一端插入支架顶梁上，另一端要紧靠巷道内工作面煤帮侧棚腿，挑住回风巷的棚梁，并用木楔夯实
质量要求	1. 安装的支架要符合质量标准规定，保证支架成一条直线，平行于工作面刮板输送机，保证架间距为 1.5 m 　2. 支架位置调好后，立即接通供液管路，将支架升起，顶梁与顶板接触要严密，不得歪斜，局部超高或接触不好的用木梁夯实。支架达到初撑力 　3. 支架安装后要及时更换损坏和丢失的零部件，管路排列整齐，达到完好标准要求。储液箱清洁干净，乳化液配比符合 3‰ ~ 5‰的规定，支架工作压力符合规定要求 　4. 支架内外无浮矸、钢轨、木料、杂物等

三、工作面刮板输送机的安装要求（表 9 - 10）

表 9 - 10　工作面刮板输送机安装要求

程　序	内　容
准备工作	1. 准备好各种润滑油脂 　2. 对安装工作面要进行检查验收。确保安装位置平、直，无浮煤障碍 　3. 做好下井的设备装车。整体下井的部件、紧固螺栓应联接牢固
安装过程	1. 安装机头 　输送机的安装应该由机头向机尾依次进行，保证机头与转载机尾部相互位置合理，机头链轮轴线要垂直开切眼安装中线，与转载机尾的相互位置一般应以转载机机尾轴线与工作面侧溜槽边重合为好 　2. 安装中部槽和底链 　（1）从工作面回风巷运进中部槽和刮板链到预定地点 　（2）将刮板链穿过机头并绕过链轮 　（3）把刮板链由机头侧向机尾侧穿过第一节中部槽的下槽 　（4）第一节中部槽在机尾侧将刮板链拉直，推动中部槽，使中部槽沿刮板链下潜，并与过渡槽相接 　（5）按上述方法继续接长底链，并穿过中部槽，逐节把中部槽接上，直至机尾 　3. 铺上链 　把机尾下部的刮板链绕过机尾轮，放在溜槽的中板上，继续接下一段刮板链，再将接好的刮板链的刮板倾斜，使 2 根链环都进入溜槽，然后拉直，直至机头 　4. 紧链

表 9 – 10（续）

程　序	内　　容
安装过程	去掉多余链条，将刮板链两头接上适当的调节链 5. 安装挡煤板、铲煤板及其他装置，补齐刮板
安装质量要求	1. 机头必须摆好放正，稳固垫实不晃动 2. 中部槽的铺设要平、稳、直，铺设方向必须正确，即每节的搭接板必须向着机头 3. 挡煤板与槽帮之间要靠紧、贴严无缝隙 4. 铲煤板与槽帮之间要靠紧、贴严无缝隙 5. 圆环链焊口不得朝向中板，不得拧链。双链刮板间各段链环数量必须相等。使用旧链时，长度不得超限，两边长度必须相等，刮板的方向不得装错，水平方向连接刮板的螺栓，头部必须朝运行方向；垂直方向连接刮板的螺栓，头部必须朝中板 6. 沿刮板输送机安装的信号装置要符合规定要求

四、采煤机的安装（表 9 – 11）

表 9 – 11　采　煤　机　的　安　装

程　序	内　　容
准备工作	1. 开好机窝。一般机窝在工作面上端头运料道口，长为 15 ~ 20 m，深度不小于 1.5 m 2. 确定工作面端部的支护方式，并维护好顶板 3. 在对准机窝运料道上帮硐室中装一台 14 t 回柱绞车，并在机窝上方的适当位置固定一个吊装机组部件的滑轮
工具准备	1. 撬棍。准备 3 ~ 4 根，长度 0.8 ~ 1.2 m 2. 绳套。其直径一般为 φ12.5、φ16、φ18.5 mm，长度视工作面安装地点和条件而定。一般可准备 1 ~ 1.5 m 长的绳套 3 根，2 ~ 3 m 长的绳套 3 根及 0.5 m 的短绳套若干根 3. 万能套管。既有用于紧固各部螺栓（钉）的套管，又有拆装电动机侧板和接线柱的小套管 4. 活扳手和专用扳手。同时要准备紧固对口螺钉的开口死扳手和加力套管 5. 一般可准备 3 ~ 8 t 的液压千斤顶 2 ~ 3 台 6. 其他工具。如手锤、扁铲、锉刀、常用的手钳、螺丝刀、小活扳手等 7. 手动起吊葫芦。一般用 2.5 t 和 5 t 的各 2 台
安装过程	1. 有底托架的采煤机安装。一般在刮板输送机上先安装底托架，然后在底托架上组装牵引部、电动机、电控箱、左右截割部，连接调高调斜千斤顶、油管、水管、电缆等附属装置，再安装滚筒和挡煤板，最后铺设和张紧牵引链，接通电源和水源等 2. 无底托架的采煤机安装。第一步，把完整的右（或左）截割部（不带滚筒和挡板）安装在刮板输送机上，并用木柱将其稳住，把滑行装置固定在刮板输送机导向管上；第二步，把牵引部和电动机的组合件置于右截割部的左侧，同样用木柱垫起来，然后将右截割部与牵引部两个结合面擦干净，用螺栓将两大部件联接在一起；第三步，用同样方法将右截割部与电动机牵引部组合件的左侧用螺栓联接，然后固定滑行装置，并将液压管路及水管接头擦干净，与千斤顶及有关部位接通。再将两个滚筒分别固定在左右摇臂上，装上挡煤板，铺设牵引链，将牵引链接到工作面输送机机头和机尾的锚固装置上，最后通电源、水源等

表9-11（续）

程　序	内　　　　容
质量要求	1. 零部件完整无损，螺栓齐全并紧固，手把和按钮动作灵活、正确，电动机与牵引部及截割部的联接螺栓联接牢固，滚筒及弧形挡煤板的螺钉齐全、牢固 2. 油质和油量符合要求，无漏油漏水现象 3. 电动机接线正确，滚筒旋转方向适合工作面要求 4. 空载试验，低压正常，运转声响无异常 5. 牵引锚链固定正确，无拧链，连接环应垂直安装 6. 电缆齐全，电缆长度符合要求 7. 冷却水、内外喷雾系统符合要求，截齿齐全

五、刮板转载机的安装（表9-12）

表9-12　刮板转载机安装

程　序	内　　　　容
准备工作	安装转载机之前，应先安装转载机机头小车的行走轨道，将转载机各部件搬运到相应的安装位置，准备好起吊设备和支撑材料（如方木和轨道枕木等）
安装程序	1. 从机头小车上卸下定位板，将机头小车的车架和横梁连接好，然后将小车安装在带式输送机尾部的轨道上，并安上定位板 2. 吊起机头部，置于机头行走小车上，将机头架下部固定梁上销轴孔对准小车横梁上的孔，并插上销轴，拧上螺母，以开口销锁牢。分别起吊减速器、电动机，下设木垛保护，到位后连接紧固 3. 搭起临时木垛。将溜槽的封底板摆好，铺上刮板链，把溜槽装上去，把链子拉入链道，再将两侧挡板安上，并用螺栓与溜槽及封底板固定。依次逐节安装，相邻侧板间均以高强度紧固螺栓连接好，正确拧紧各紧固件，以保证桥部结构的刚度 4. 安装弯曲处凸、凹溜槽及倾斜段溜槽时，应调整好位置和角度，再拧紧螺栓。安装倾斜溜槽时，亦应先搭临时木垛来支撑 5. 水平装载段的安装方法与桥拱部相同，只是在巷道底板上安装，不再需要临时木垛。该段装料一侧安装低挡板，以便于装载 6. 两侧挡板由于允许有制造公差，连接挡板的端面有间隙，安装时根据情况可装平垫片或斜垫片插入挡板端面间隙中，进行调整 7. 水平装载段溜槽逐节装好后，即接上机尾，将溜槽封底板、两侧挡板全部用螺栓紧固好 8. 紧链时，将底链挂到机头链轮上，插好紧链器（或打好锁链器），把紧链器手把扳到紧链位置，开反车紧链 9. 将导料槽装到带式输送机机尾部轨道上，置于转载机机头前面，上好导料槽与机头小车的连接销轴
质量要求	1. 刮板转载机要与带式输送机在同一条中线上，要求运煤时畅通无阻 2. 机头必须摆正。传动装置联接面要严密，不留间隙 3. 传动装置装在人行道一侧，便于检查维修 4. 两个锚链轮不得错位，刮板链的连接螺栓头应朝向刮板链的运行方向，不许有拧链现象。刮板链在上槽时，连接环的突起部分应向上，立链环的焊接口向上，平链环焊接口向溜槽中心线 5. 链条松紧程度，松环不得大于2环，以运送物料时链条在机头链轮下面稍有下垂为宜 6. 油质和油量符合规定要求

六、破碎机的安装（表 9 - 13）

表 9 - 13　破　碎　机　安　装

程　序	内　　容
准备工作	做好破碎机部件（输入过渡槽、破碎箱、输出过渡槽、破碎机轴、罩盖及防护罩等）的安装，检查已安装好的各部件并按顺序摆放整齐
安装程序	1. 将破碎轴安装在破碎箱的两个半圆孔中，轴承座用楔形夹具夹紧。装上罩盖后再用螺栓紧固。把破碎轴高度调节好之后，将销轴插入导向块孔板中，并用开口销固定 2. 将输入过渡槽和输出过渡槽用 20 个 M20×85、16 个 M20×50 螺栓与破碎箱紧固成刚性整体 3. 将电动机安装在输出过渡槽顶的托架上后，再安装皮带轮和三角皮带。最后将防护罩安装在电动机托架的后护板和破碎轴的前护板上，并用螺栓紧固 4. 先将润滑油路接通，然后把注油嘴装在注油座上并加润滑油脂
质量要求	1. 各部位螺栓必须紧固，达到拧紧力矩的要求 2. 电动机接线及线路正确，电压符合规定 3. 电动机皮带轮的梯形槽必须与破碎轴的皮带飞轮梯形槽对正，保证皮带运转时处在一条直线上 4. 各传动部位转动灵活，无挤卡现象 5. 润滑油路接通，注油嘴齐全，各润滑部位均注入润滑脂

七、可伸缩带式输送机的安装（表 9 - 14）

表 9 - 14　可伸缩带式输送机安装

程　序	内　　容
准备工作	一般安装顺序应该是由里向外逐台安装。根据巷道中心线定出带式输送机的中心线；按照规定尺寸，修整巷道。依据井巷实际情况，准确给出输送机的转载点和卸载点。在设备入井之前，应在地面做好试验。负责安装的人员必须熟悉设备和有关图纸资料，根据矿的具体搬运条件（如运输工具、起重设备、巷道断面等），确定设备部件的最大尺寸和质量。在卸设备较大部件时，应按照组装图上编号打上记号，以便对号安装。根据实际情况，编制安装计划和安装顺序，一般可按下列步骤进行：传动装置及卸载臂部分、中间架、储带装置、机尾架、输送带
安装程序	吊挂式 1. 清理平整从机头到储带装置约 30 m 的巷道底板，以便安装机器的固定部分 2. 将吊挂主钢丝绳运至安装中心线两侧铺开 3. 按下列顺序将输送机各部件运至安装位置：机尾、机尾牵引绞车、托绳架、吊托及托辊、滑橇、拉紧绞车、储带装置（包括皮带张紧车、托辊小车及轨道等）、机头传动部分。然后根据已确定的位置，按总图要求顺序安装。各部分沿中心线方向不能偏斜 4. 根据图纸要求，在巷道支架上固定吊索 5. 固定机头后，开动牵引绞车，拉紧主钢丝线，并挂在吊索上 6. 安装托辊和输送带。安装输送带常用以下三种方法： （1）输送机机架安装前，在底板上沿安装中心线把下层输送带放好，待机架装好后，平托辊把输送带托起，安装在托辊座上。然后把槽形托辊组装在机架上，把上层输送带沿输

表9-14（续）

程　序	内　容	
安装程序	吊挂式	送机旁放好。安装输送带时，从一头开始，把输送带逐段翻上去，放在槽形托辊上，这样比平移上去要迅速、省力 （2）在输送机机道上方，吊挂起整卷输送带，人工拉开输送带，放在下部的回空段平托辊上。下部输送带安装完毕，再把上部槽形托辊组装在机架上，以同样方法将上部输送带安到槽形托辊上 （3）将输送带卷筒轴支承在一适当位置，用一台小绞车拉一段输送带，沿整个输送机道进行放置
	落地式	由于落地式可伸缩带式输送机采用了无螺栓快速拆装中间架，其安装更为迅速方便。除中间架外，安装方法与钢丝绳吊挂式基本相同。按顺序将机尾、机尾牵引装置、中间架（按3 m距离摆放）、铰接托辊（按1.5 m距离摆放）、下托辊（按3 m距离摆放）、储带仓、机头部等部件运到安装地点的巷道旁。根据已确定的基准点，顺序安装机头部、储带装置、中间架、机尾牵引装置及机尾。安装中间架前，应先把下层输送带铺好并连好接头。各部分安装好后，装上铰接托辊和下托辊，最后把上层输送带铺好、接头、张紧
质量要求	1. 机头架距巷道顶板大于0.8 m。机头、机尾及中间架垫稳、垫平、牢固、可靠 2. 可伸缩带式输送机要安装成一条直线，伸缩小车轨道要平直 3. 零部件完好、齐全、紧固，符合《煤矿矿井机电设备完好标准》要求 4. 安装时，接合面要清理干净，要认真检查，碰伤的结合面必须进行修理，相互之间不留隙、不偏斜，接触严密，不合格的零部件及时更换 5. 安装销轴时要清洗干净，并涂上一层油。严禁在销轴孔不对中时用大锤硬打 6. 所有输送带扣必须接好，以保证运行时输送带不偏斜。输送带的接口卡要扎紧。穿条长度符合要求，两端打弯	

八、电气设备的安装

电气设备常用的供电方式有两种，即固定式变电站和移动式变电站，两种变电站的安装要求见表9-15。

表9-15　固定式变电站和移动式变电站安装

项　目	内　容	
供电方式	固定式变电站	变电站布置在采区硐室内，固定不动，向工作面设备供电
	移动式变电站	将变压器、高低压开关等布置在距工作面一定距离处，变电站随工作面推进而移动。综采工作面广泛采用移动式变电站供电
安装要求	1. 电气设备的安装要符合《煤矿安全规程》和《煤矿矿井机电设备完好标准》有关规定，按负荷进行鉴定，并达到防爆要求 2. 工作面和工作面巷道的1140 V电气设备，要严格按供电系统图进行安装和整定，必须符合规定要求 3. 所有电气设备的安全保护和仪表显示完整齐全准确，动作灵敏可靠，接地装置齐全，并符合规定 4. 移动变电站设备列车排列顺序和放置方向要符合设计要求 5. 电缆、电气设备要有标志牌，并注明用途、规格、长度，电缆吊挂整齐，剩余部分要盘成"8"字形，置于专用电缆车上 6. 按照设计要求，工作面通讯照明和控制系统安装齐全	

九、乳化液泵站的安装（表 9 - 16）

表 9-16 乳化液泵站安装

项　目	内　容
准备工作	1. 入井前必须达到完好标准，并通过地面试车。按规定调整好自动卸载阀的卸载压力和安全阀的整定压力。同时，要测定蓄能器的能力，不足时应充以足够压力的氮气 2. 乳化液泵站准备下井时，只需拆开泵与乳化液箱之间的连接管路，将"两泵一箱"分别装在 3 个平板车上，捆绑牢固即可。要注意入井次序和方向，并考虑运输途中折返的影响，保证乳化液箱在乳化液泵站的最前端，回液管接头对着工作面 3. 泵站入井过程中，如需在 0 ℃ 以下环境中通过或停留，要将泵站各部残留的乳化液排净；无法排净的部分乳化液中应加防冻剂，或采取其他防冻措施 4. 为了便于泵站的维修和向乳化液箱中补液，乳化液泵站一般是安装在设备列车后部的平板车上。因此，安装乳化液泵站前，应先把其他设备安装在列车上，最后安装泵站。但也有的是将乳化液泵站安装在列车靠工作面近的一端，现场配液补充
注意事项	1. 要保证乳化液箱与乳化液泵在同一水平上，且不可使乳化液箱低于泵体，泵与乳化液箱的距离要适宜，保证泵的进液软管长度不超过 10 m 2. 如果电动机与乳化液泵分开运送，则要调好电动机与泵上的联轴器的同心度和轴向间隙，最后装好防护罩 3. 为保证设备检修及行人安全，设备与棚腿间距不小于 0.5 m，与带式输送机间距不小于 0.7 m 4. 泵站至工作面第一架液压支架之间供液管路的长度，要满足设备列车每次移动需要，一般不超过 100 m 5. 快速接头 U 形销，不准插单腿销，以防承压时甩脱伤人 6. 泵站各部件的连接及固定螺栓要全部齐全紧固 7. 曲轴箱及油环所用润滑油与润滑脂应符合规定牌号 8. 各种安全保护装置，要灵活可靠，不得任意取掉 9. 泵站周围环境应保持清洁无杂物

十、单机调试内容（表 9 - 17）

表 9-17 单机调试内容

设备名称	调试方法	检　查　内　容
液压支架	逐架反复升降 3 ~ 5 次并适量前移，其他千斤顶试动几次	1. 油管连接是否正确 2. 各种阀组是否窜、漏液 3. 结构件动作有无挤卡现象 4. 各种千斤顶动作是否灵活可靠
采煤机	1. 空运转 10 ~ 15 min 2. 至少沿工作面长度带负荷运行一个整循环	1. 机器无异常声响，各部温度正常，液压系统压力符合规定 2. 电流、电压符合要求 3. 滚筒升降灵活，升降至最高点、最低点所需时间要符合规定 4. 无漏油、漏水现象，冷却正常畅通，水量充足 5. 牵引正常，控制灵活，符合规定，牵引链张紧适当

表 9 - 17（续）

设备名称	调试方法	检 查 内 容
刮板输送转载机	1. 检查后进行空运转试验，断续启动，开、停试运转 2. 运转 1~2 个循环 3. 空转 1~2 h	1. 检查机头、机尾轴的运转方向是否正确，有无异常声响，电动机、减速器温升是否正常 2. 检查各部件有无挤卡现象 3. 检查两根链松紧是否一致，以及刮板链的张紧程度是否适当 4. 检查各部件是否齐全紧固 5. 检查铲煤板、挡煤板是否紧固
带式输送机	点动、空转、正常运转	1. 运转是否正常，有无跑偏打滑现象，保护装置是否可靠 2. 减速器和电动机有无异常声响，有无振动和发热现象 3. 接口是否严合牢固 4. 润滑系统注油是否合适 5. 清扫器、张紧绞车、制动装置等是否齐全正常，张紧程度是否适当
乳化液泵站	手动、点动、空运转、正常运转	1. 用手转动联轴器，使曲轴转动 2~3 圈，检查各运转部件是否转动灵活 2. 打开机壳上盖，向滑块上部油池注一些润滑油，以防止滑块缺乏润滑而损坏机壳 3. 打开手动卸载阀，关闭向工作面供液的截止阀，点动电动机，检查电动机的运转方向是否与泵上箭头所指示的转动方向一致。如果不一致立即停机，改变电动机的转向 4. 在打开手动卸载阀的状态下，让乳化液泵空载运转一段时间，将带有空气的乳化液直接流回乳化液箱，直到排出的乳化液中没有空气为止。乳化液泵空载运行时不得有异常噪声、抖动、管路泄漏等现象 5. 空载试运转确认正常后，慢慢关闭手动卸载阀，让乳化液泵逐渐升压；当卸载阀自动卸载时，打开压力表开关，从压力表上观测卸载压力，如果卸载压力达不到标准要求，则需重新调整到规定的标准卸载压力 6. 一切正常后，打开向工作面供液的截止阀，向工作面供液。使用时，应经常检查乳化液箱的乳化液面高度，发现不足时要及时注液，避免乳化液泵因吸空而损坏零件

第四节 综采工作面试生产

综采工作面正式投产前，必须做好三项工作，即设备验收、单机调试和工作面试生产。

一、设备验收

设备安装后，试生产前，由主管综采生产的矿长组织矿、队等有关部门，按照选型设计和《煤矿矿井机电设备完好标准》对工作面机电设备逐台进行检查，发现问题要及时处理。

二、单机调试

综采工作面设备验收合格后，要对采煤机、刮板输送机、转载机、可伸缩带式输送机、泵站、绞车等设备进行单机试运转。

三、综采工作面试生产准备与过程

1. 试生产前的准备工作

（1）试生产前，由主管综采的矿长组织矿、队等有关部门领导和工程技术人员，按照"采煤工作面质量标准及检查评分办法"对准备试生产的综采工作面进行逐项检查，对存在的问题定时定人进行处理。

（2）"一通三防""综合防尘"设施齐全，并符合《煤矿安全规程》及有关规定要求。

（3）运输、回风两巷应保证通风、行人、运输畅通无阻，并做到文明生产，要储备足够的易损件、维修工具及备用材料，保证试生产顺利进行。

（4）保证切眼净高。在试生产前，应人工清理机道，确保无金属物件等杂物，以防损坏采煤机、刮板输送机，避免事故发生。

对乳化液泵站、可伸缩带式输送机、转载机、刮板输送机、采煤机等依照启动顺序联合空载试运转。

2. 试生产过程

准备工作完成以后，可由安装单位和综采队组织试生产。试生产时主管生产副矿长要在现场指挥，由专业组长或包机组长具体负责，部署设备运转时各部位的检查、调试、监视工作。在此基础上组织负载试车，开机顺序是：通讯、照明系统、乳化液泵站、可伸缩带式输送机、破碎机、转载机、工作面刮板输送机和采煤机。采煤机先慢速割煤，正常后可按作业规程规定的牵引速度割煤，第一刀割完后，进行推溜移架。生产工艺过程，要严格执行作业规程的规定。

第十章　综采工作面装备拆除和快速搬家

第一节　拆　除　准　备

综采工作面装备拆除准备工作见表 10-1。

表 10-1　拆　除　准　备

项　目	工　作　内　容
明确指挥成员	一般由分管综采的矿级领导干部担任组长，生产、机电、运输、通风、调度和采煤工区等有关部门的人员参加
制定拆除计划	拆除计划应包括的内容：拆除方案、程序、方法、任务分工、劳动组织、进度日程、质量要求、安全技术措施、拆除所需设备及材料的准备等
编制拆除方案	1. 确定拆除顺序：综采工作面设备拆除一般按采煤机—工作面输送机—液压支架的顺序进行，工作面巷道设备可与工作面设备同时或先行拆除 　2. 选择拆除方法：综采工作面拆除设备难度最大的是液压支架，其方法主要有两种： 　（1）掘辅助巷道拆除。预先在终采线上开掘平行工作面的辅助巷，条件允许时可利用现有的采区（盘区）上、下山轨道巷，并开一条或若干条联络巷与工作面相遇，从辅助巷道向外拆除液压支架 　（2）工段留通道拆除。当工作面采到终采线时，将工作面采直，并达到规定采高，然后采取新的顶板管理措施，留出拆除通道拆除液压支架
搞好工程准备	1. 掘巷、钉道和安装绞车。根据综采工作面拆除方案，在规定地点提前掘出供拆除用的辅助巷道及联络巷，并铺设轨道。根据拆除需要，在装车点进行挑顶、卧底（或挖地槽），并在需要的地点安装拉架和起重用的绞车、起重机具、变向滑轮及必要的信号装置 　2. 检查设备状况。在工作面设备拆除前，要对工作面所有设备进行一次完好状况检查，对于影响拆除安全的问题要提前进行处理。设备拆除后，如果是直接运到衔接工作面安装，需要提前对各种设备逐台进行可靠程度鉴定，摸清设备状态，并详细填表登记，以便对需升井检修的设备有计划地安排到搬家期间进行检修。即使不需升井的设备存在的问题，也要有计划地安排在安装前进行处理 　3. 验收工程质量。在工作面拆除准备工程完工后，要组织进行一次工程质量验收，对于工程质量不符合规程措施要求的，要及时返工处理，以保证拆除工作的顺利进行

表 10-1（续）

项　目	工　作　内　容
做好组织准备	1. 确定施工队组，进行专业承包。内容是包任务、包质量、包时间、包安全，做到固定任务、固定人员、固定时间、分工明确、密切配合、责任到人 2. 建立严格的考核制度。如经济责任承包制、岗位责任制、交接班制、发生事故及其完不成当班任务分析制等，以保证拆除工程按时、按质、按量、安全顺利地完成 3. 编制、审批、贯彻拆除施工安全技术措施 4. 召开专业组会议，进一步周密部署、合理安排工作
建立施工图表	1. 工程质量验收表 2. 设备状况检查表 3. 工程安排表 4. 工程进度表 5. 施工记录表 6. 拆除工作总结

第二节　采煤机及工作面输送机的拆除

采煤机及工作面输送机的拆除见表 10-2。

表 10-2　采煤机及工作面输送机的拆除

项　目	工　作　内　容
准备工作	1. 做缺口：为方便采煤机的拆除，需在工作面输送机尾部做一个约 15 m×1.5 m（长×宽）的缺口，并铺设轨道，为采煤机的拆卸、装车提供作业空间。待工作面拆除通道做好后，将采煤机放在该缺口内 2. 工作面拆除通道完工后，将全巷道内的杂物和浮煤、浮矸清理干净 3. 将采煤机和输送机需解体部位的螺栓预先浸油松动 4. 备齐拆除设备所用的工具和一定数量的专用小集装箱，以免在拆除过程中丢失小零部件，且使装运方便
拆除采煤机	1. 拆除牵引锚链、张紧器、电缆拖移装置、喷雾降尘与水冷系统等附属装置 2. 拆除采煤机前后弧形挡煤板、滚筒 3. 采煤机截割部、电机部、牵引部、电控箱分体拆除，并装车运走 4. 拆除底托架、行走滑靴、调斜及防滑装置 5. 拆除缺口内的轨道
拆除输送机	1. 解脱电缆槽底座与液压支架推移杆的连接装置，拆除铲煤板、挡煤板、电缆、电缆槽、采煤机爬行导轨齿条等 2. 拆除输送机全部刮板链 3. 拆除机头、机尾部传动装置 4. 拆除机尾架、后过渡槽及全部溜槽，拆除前过渡槽、机头架、底座 5. 将所拆除的零部件全部运出工作面

第三节　工作面巷道设备的拆除

工作面巷道设备拆除顺序与方法，取决于工作面"三机"的拆运路线。如果工作面拆除的设备需经工作面巷道运走，则应先拆除工作面巷道运输设备，或者，工作面巷道设备可与工作面采煤机和输送机同时平行拆除。顺槽设备拆除的一般次序是由外向里顺序拆除，其拆除工序见表 10 - 3。

表 10 - 3　工作面巷道设备拆除工序

项　　目	工　作　内　容
准备工作	1. 清理运输巷道中的浮煤、浮矸和杂物 2. 对在拆除中需解体部位的螺栓预先浸油松动 3. 先拆除移动变电站时，应设好乳化液泵站的临时电源 4. 准备好拆除设备所用的工具、小零部件专用小集装箱
带式输送机拆除	第一种：运输巷道内铺设有运输轨道 1. 先拆除全部输送带 2. 分段拆除中间部支撑架、托辊和连接杆（吊挂式带式输送机拆去钢丝绳），并直接装车运走 3. 拆除机头部和机尾部，并装车运走 第二种：运输巷道内未铺设运输轨道 1. 可选择适当间隔距离，先将部分支撑架、托辊和连接杆拆除掉，并利用本身设备运出工作面巷道外装车运走 2. 拆除全部输送带 3. 拆除机头部和机尾部，以及剩余支撑架、托辊和连接杆，并运出工作面巷道外
桥式转载机拆除	1. 先拆除破碎机及中部槽挡煤板 2. 抽除刮板链，拆除机头部传动装置 3. 拆除机尾架，并逐节向前拆除溜槽，在拆除桥式转载机时，需迈步交替铺设木垛支撑 4. 拆除机头架及行走部，并把拆除下的设备装车运走 5. 回收运输巷道内电气设备、电缆、水管和运输设备等
设备列车拆除	1. 将采区配电室送工作面巷道移动变电站的高压电源切断，并拆除其高压侧所有电缆线 2. 解脱变压器与开关、开关与开关之间及开关与用电设备之间的电缆，将乳化液泵站电源改接在其他供电系统线路的临时电源上 3. 拆除设备列车到工作面的所有电缆 4. 除乳化液泵站系统待工作面液压支架拆除完毕后再拆除外，其他车辆按照排列顺序，由外向里逐渐拆除

第四节　液压支架的拆除

一、液压支架拆除前的准备工作（表10－4）

表10－4　液压支架拆除前的准备工作

项目		准备工作内容	示　　图
留通道拆除	工作面停采前	1. 铺网：对顶板不稳定的工作面，为保证液压支架拆除时的安全和方便，当工作面采到距终采线 10～12 m（在未铺网的工作面）时，开始沿煤壁方向铺设双层交错搭接式金属顶网，一直铺到终采线，并沿煤壁下垂到拆架通道巷高的 1/2～2/3 处以下 2. 铺木板梁：对顶板破碎、压力大的工作面，在距终采线 6～7 m 时，开始在支架顶梁和金属网之间铺设规格约 150 mm×100 mm×2500 mm 的矩形板梁，板梁间距为 500～600 mm，每割一刀煤铺一排板梁，并铺设成上下交错连锁式，如图 a 所示 3. 铺钢丝绳：对顶板不稳定或大倾角工作面，在工作面采到距终采线 6～7 m 时，沿工作面倾向在支架顶梁和金属网之间铺设钢丝绳。钢丝绳与双层交错搭接式金属网沿工作面倾向每隔 300 mm 用铁丝紧固一扣，工作面每向前推进一刀铺设一条钢丝绳，工作面两端的钢丝绳固定在板梁上，并打好戗柱。随着工作面的向前推进，钢丝绳和金属网依次铺在顶板和支架顶梁之间，如图 b 所示 4. 当顶板稳定、压力小时，工作面什么也不用铺就可开始做拆架通道巷，也可只铺设木板梁	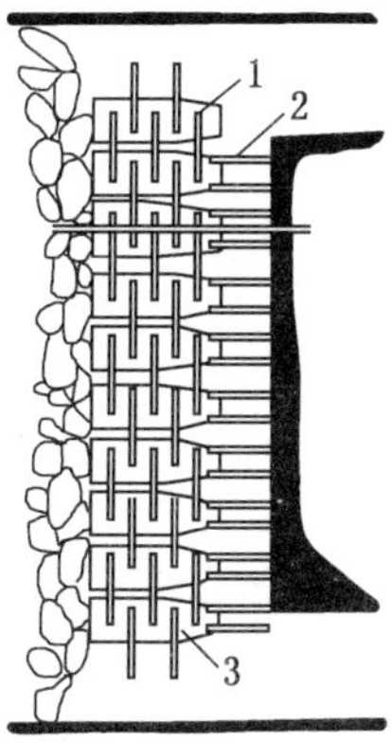 1—木板梁；2—通道棚梁；3—液压支架 （a） 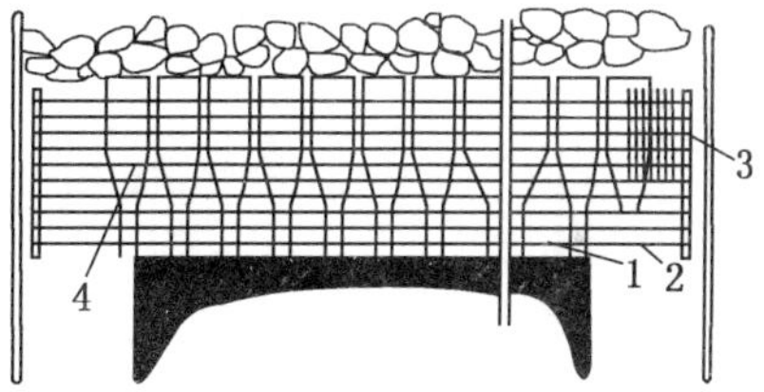 1—通道棚梁；2—钢丝绳；3—金属网；4—液压支架 （b）
	做拆除通道	1. 通道规格尺寸的确定。高度：保证液压支架支柱的活柱伸缩量不小于 400 mm；宽度：根据不同液压支架型号，一般情况下，液压支架顶梁端到煤壁支柱的净宽为 1400～2600 mm 2. 支棚通道：当液压支架停止前移，工作面开始做通道时，继续向前推移输送机，采煤机割煤后暴露的顶板，采用在支架顶梁上挑木板梁或打带幔点柱临时维护顶板。当拆除通道规格尺寸符合要求时，	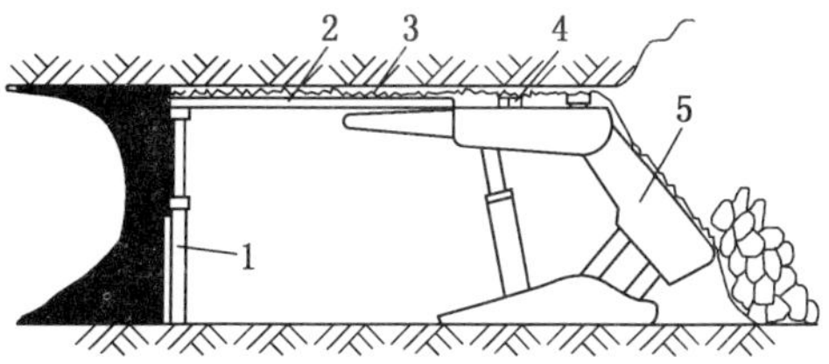 1—贴帮柱；2—通道棚梁；3—金属网； 4—木板梁；5—液压支架 （a）

表 10 - 4（续）

项目		准备工作内容	示　图
留通道拆除	做拆除通道	沿工作面走向用正式木板梁或圆木梁替换临时支架。棚梁一端搭在液压支架顶梁上，另一端在煤壁侧用单体液压支柱或木支柱支护，并用破板木构顶盘帮，如图 a 所示 　3. 锚杆通道： 　（1）当液压支架停止前移后，继续推移工作面输送机，采煤机割过煤后，距下滚筒 5～20 m 范围内停止采煤机和输送运转，支设临时带幌点柱或支架顶梁上挑木板梁维护顶板，并采取防片帮措施。开始打锚杆眼，铺设金属网，安装锚杆和托板，托板规格为 $\phi200$ mm／2×500 mm 的半圆木，沿工作面平行和垂直相互交叉布置，锚杆间距 700 mm，排距 600 mm。依上述工序周而复始地进行，待通道规格符合要求后，铺设护帮金属网，打帮锚杆即可成巷，如图 b、图 c 所示 　（2）按照掘进作业方式，采取防止放炮崩坏设备的保护措施，利用爆破工艺，逐段刷大煤帮，锚杆支护管理顶板，一次成巷，如图 d 所示 　4. 厚煤层分层开采下层时，一种是工作面上行爬坡开采找上层顶板（注：此法对易自燃煤不宜采用）做通道，如图 e 所示；另一种是在本分层做拆除通道	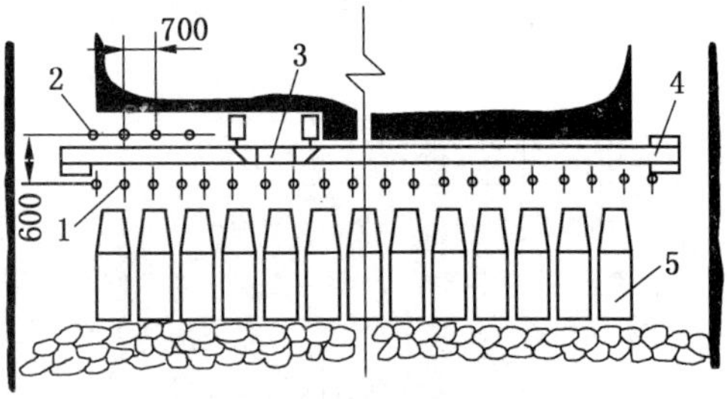 （b）采煤机做锚杆通道 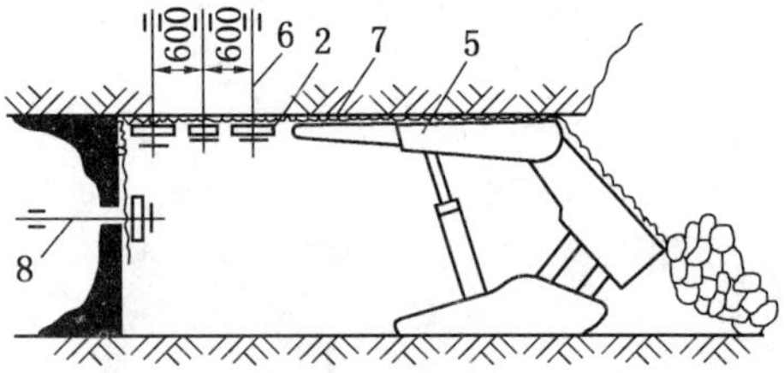 （c）锚杆通道断面 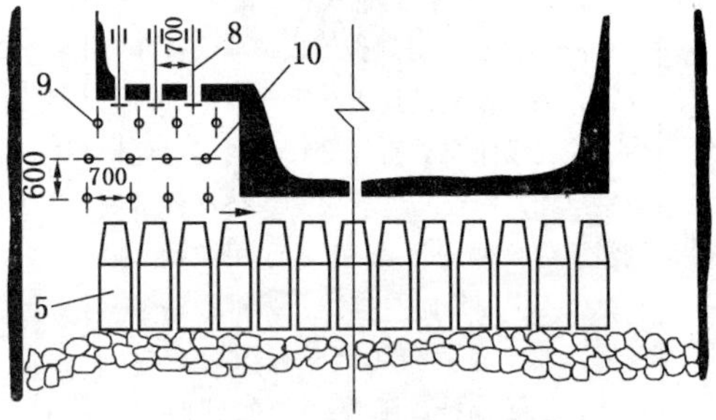 （d）掘进方式做锚杆通道 1—托板垂直工作面锚杆；2—托板平行工作面锚杆；3—采煤机；4—输送机；5—液压支架；6—顶锚杆；7—金属网；8—帮锚杆；9—托板垂直工作面锚杆；10—托板平行工作面锚杆 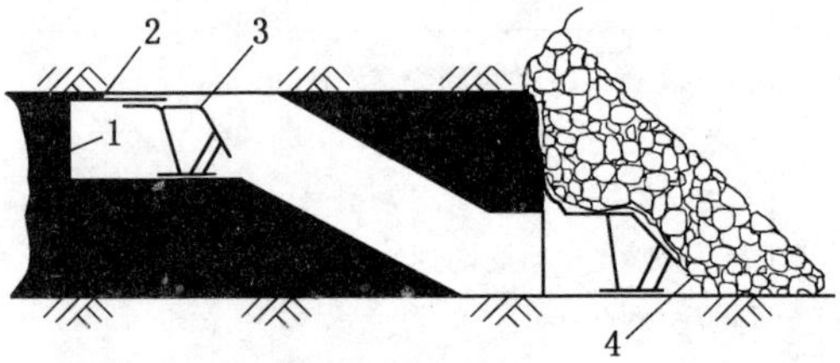 （e） 1—贴帮柱；2—通道棚梁；3—液压支架；4—上层金属网

表 10-4（续）

项目		准备工作内容	示 图
开辅助巷撤除	双头拆除准备	在工作面终采线 A—A 处，提前掘出一条平行于工作面的辅助巷道，并用一梁三柱棚子支护，在靠工作面一侧再加打一梁四柱的交错双抬棚，在此巷道内的底板上进行局部卧底，掘出一条地槽，并在槽内预先铺好运输支架的轨道。如果支架需要到工作面巷道或机头、尾处装车，则不需开掘地槽 从工作面采到距辅助巷约 30 m 处开始使工作面输送机机尾超前推进，将工作面采成伪斜，一般情况下伪斜角度为 5°~7°。当工作面和辅助巷采透后，分段拆除输送机溜槽，缩短输送机，并换上临时机尾，工作面和辅助巷全部采透后，则将采煤机全部拆除	 1—交错抬棚；2—进度棚；3—木支柱
	多头拆除准备	在工作面终采线前方掘一条辅助巷，或利用现有的采区运输巷作辅助巷，然后再掘若干联络巷与工作面贯通，设备经联络巷由辅助巷拆除	 1—联络巷；2—辅助巷；3—采区运输巷
材料及机具		1. 准备和安装拆除液压支架所需机具 2. 做好液压支架装车站 3. 工作面备有一定数量的支护材料	

二、液压支架拆除工序（表 10-5）

表 10-5　液压支架拆除工序

项目	适应条件	工序进程与示图	优点与缺点
直接拆除	工作面顶板完整、坚硬、稳定、压力小	先将支架侧护板缩回，并使支架降柱，用绞车或液压千斤顶牵引液压支架沿垂直煤壁方面拉出，再使支架调向 90° 后，把支架拖运到装车地点 支架拆除后的顶板，可用铺设木垛、支点柱或支丝柱的方法来维护 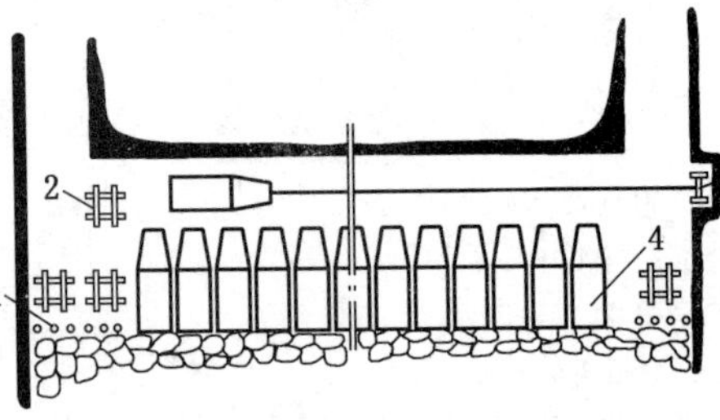 1—支柱；2—木垛；3—绞车；4—液压支架	1. 工序简单，拆除速度快 2. 锚杆支护锚固空间不随支架拆除冒落，工作空间宽敞，便于支架前移调向。坑木消耗少，劳动强度低，施工安全
掩护拆除	掩护支架增设套筒式前探梁，其形式如图 a、b 所示	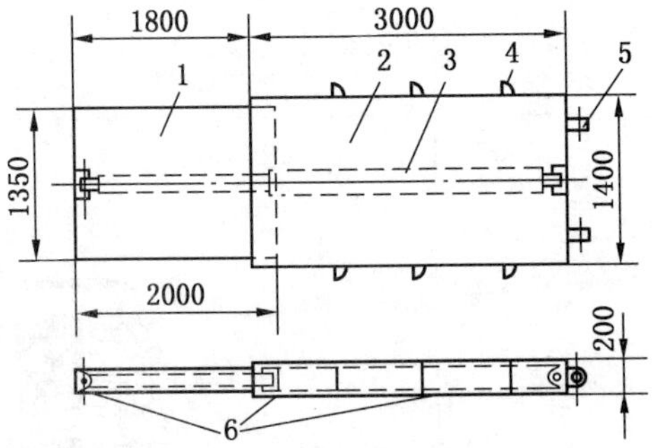 1800　3000 1350　1400 2000 200 6 (a) 套筒式前探梁示意图 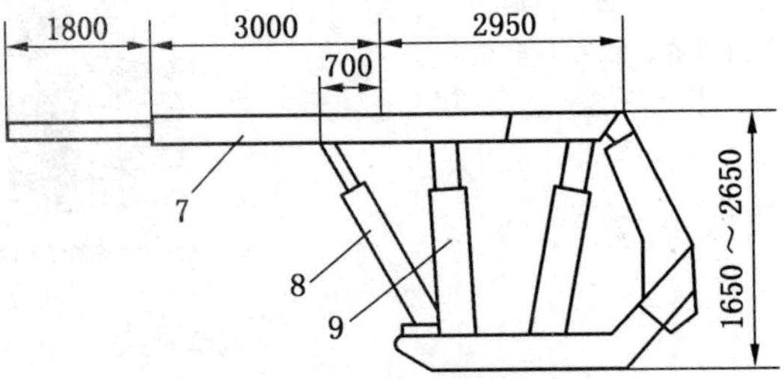 1800　3000　2950 700 1650~2650 7 8 9 (b) 掩护支架组装示意图 1—前段；2—后段；3—伸缩千斤顶；4—活动式托梁； 5—与液压千斤顶连接装置；6—支临时单体支柱；7—套筒式前探梁加长段；8—前探梁升降千斤顶；9—液压支架立柱	优点：有利于顶板管理，支架调向容易 缺点：增加前移掩护支架工序

表10-5（续）

项目	适应条件	工 序 进 程 与 示 图	优点与缺点
掩护拆除		1. 掩护支架的调整：将A架前探梁放下，适当前移调整与煤壁平行，其上放3.2 m铁梁后将支架调整为B架与A架并列，装前探梁加长段，如图c、d、e所示 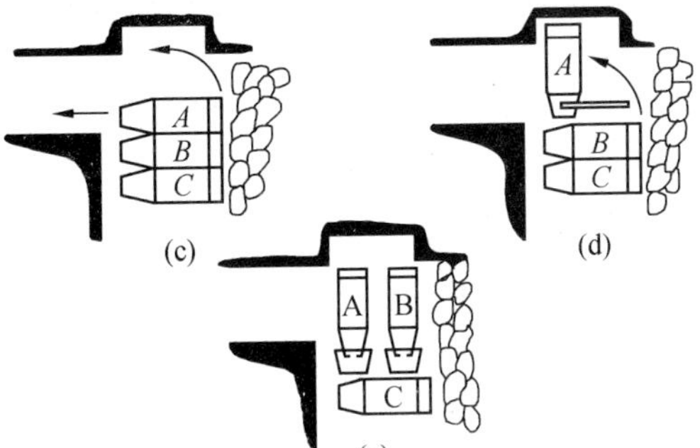 （c）　　　（d） （e） 2. 掩护支架的前移：在掩护支架前探梁和加长段的掩护下，将掩护支架调成顺工作面方向，拉向装车点装车。当C架拆除后，马上把A、B架以相互掩护的方法前移形成拆除状态，进行第二架支架拆除 3. 掩护支架A、B的拆除：当拆到最后4架支架时，开始在掩护架前探梁前端加放3.4 m长的走向木板梁。当拆到最后两架时，掩护支架顶梁上已有5条木板梁，间距0.7～0.8 m，这时靠煤壁侧用顺山抬棚支撑掩护架上的板梁，其支护方式如图f、g、h所示  （f）　　　（g）　　　（h）	
	掩护支架不增设其他装置	1. 先用直接拆除方法将一架支架抽出，调向工作面煤壁平行支撑顶板，作为拆除第二架支架时的掩护支架 2. 在配合单体液压支柱管理顶板的情况下，将第二架支架拆除拉走 3. 前移第一架掩护支架，再作为拆除第三架支架时的掩护支架。依此类推，进行拆除剩余支架 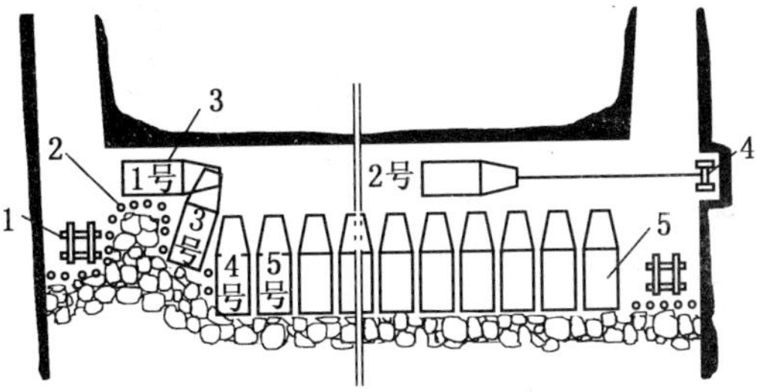 1—木垛；2—支柱；3—掩护支架；4—绞车；5—液压支架	

表 10 - 5（续）

项目	适应条件	工序进程与示图	优点与缺点
保留通道拆除	1. 工作面抽出支架后需要双向拖运到装车地点 2. 如工作面煤层变薄致使综采被迫停产时，需用普采接替回采 3. 工作面顶板较好	1. 用 4.5 m 的工字钢长梁支设在 A、B 两架支架顶梁端的通道棚梁下，前移 A 架，如图 a 所示 2. 将 A 架继续前移，调向，与工作面平行，沿工作面将 A 架拖运到装车地点，如图 b 所示 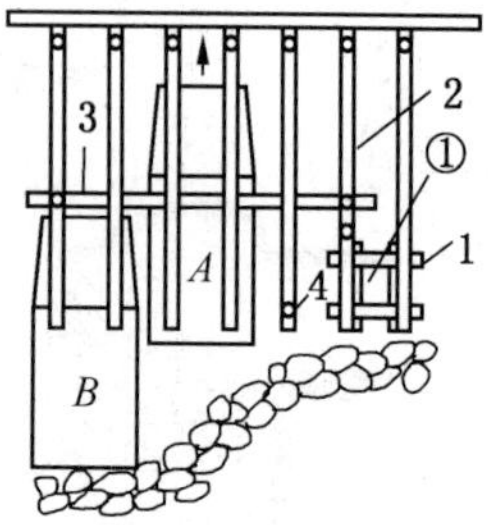 (a) 前移支架 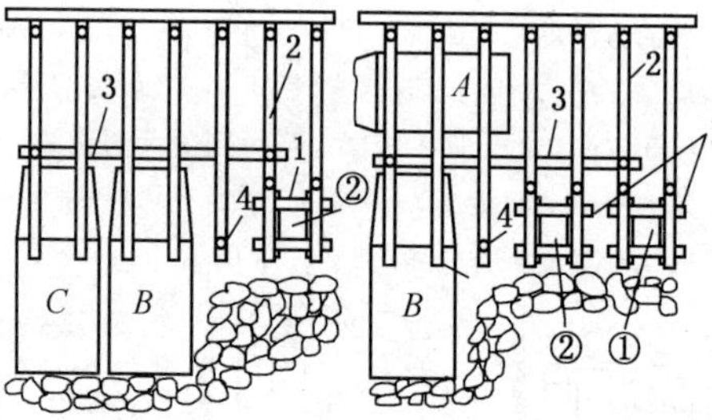 (b) 铺设木垛　　(c) 移工字钢长梁 1—木垛；2—通道棚梁；3—工字钢长梁；4—支柱	优点： 1. 拆除后的支架可沿工作面双向运输 2. 有利于衔接工作面层，减少开切眼工程和资源损失 缺点： 1. 顶板维护工作量大 2. 使用坑木多 3. 此方法通常不采用
下行拆除	大倾角综采工作面液压支架的拆除	液压支架拆除顺序是沿工作面由上而下进行的，液压支架抽出后是下行运输 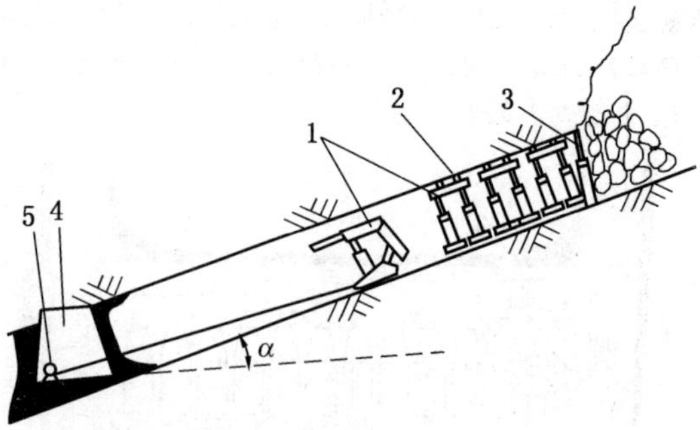 1—液压支架；2—通道棚梁；3—维护柱；4—工作面巷道；5—绞车；α—煤层倾角	优点： 支架调向容易，运输支架牵引力小 缺点： 1. 顶板管理复杂，要求支护强度大 2. 顶板垮落后矸石由上往下窜入工作面，操作人员始终在采空区下方工作，很不安全

表 10 - 5（续）

项目	适应条件	工 序 进 程 与 示 图	优点与缺点
上行拆除	大倾角综采工作面液压支架拆除	液压支架拆除的顺序是由下而上进行的，液压支架抽出后是沿工作面上行运输，应该注意的三个问题是： 　1. 由于支架抽出后是上行运输，因而增加了运输环节。解决的办法是在工作面底板上铺设密集钢轨滑道，支架装在导向滑橇上运输，以减少阻力，并用多台绞车联合牵引 　2. 支架拆除后如果其上方顶板垮落，顶板就会沿倾斜方向冒落，造成上方几架支架上顶空虚，失去支撑力而发生下滑倾伏，给支架拆除工作带来困难和危险。因此，在支架拆除后，必须对顶板进行支护，防止其垮落。方法是在拆除支架过程后，随着支架拆除沿工作面打两排木垛及台板、点柱等配合上顶的钢丝绳、金属网来控制顶板，维持工作面通风 　3. 为了防止在运输支架过程中发生意外，在运输支架时人员都要躲在工作面液压支架空间里，在支架的保护下进行跟运 **(a) 梯形滑道** 200 500 200 2000 **(b) 上行拆除示意图** 1—轨道；2—枕木；3—木垛；4—滑橇；5—液压支架；6—牵引绞车	**优点：** 1. 顶板较容易维护，即使冒顶，矸石也不会埋住支架 2. 操作人员不受采空区窜矸的威胁 **缺点：** 1. 增加了运输环节，且需多台绞车联合牵引 2. 钢丝绳牵引阻力大，容易发生断绳事故，所以人员应注意避开钢丝绳的波及范围
	沿工作面走向仰斜开采的工作面液压支架拆除	工作面液压支架沿上行抽出，应选择好绞车的功率和绳径，调向后运输时，要采取防下滑和防倾措施 　仰斜拆除顶板管理的重点是防止煤壁片帮 1—防滑防倒柱；2—液压支架； 3—单体液压支柱；4—抬棚梁；5—金属网	**优点：** 对顶板管理有利 **缺点：** 支架从工作面抽出时牵引阻力大

表 10 - 5（续）

项目	适应条件	工 序 进 程 与 示 图	优点与缺点
俯斜拆除	沿工作面走向俯斜开采的工作面液压支架拆除	工作面液压支架沿下行方向抽出调向后倾斜运输，在运输过程中要采取煤壁侧钉帮道和利用辅助千斤顶，防止支架下滑和倾倒 根据不同顶板情况，按三种不同方式进行回撤： 　1. 当顶板压力小，较完整时，可采用临时木支护进行回撤 　2. 当顶板压力小，较破碎时，可先回撤相邻一架支架，而后回撤靠冒落区的一架支架 　3. 当顶板压力大又破碎时，采用间隔式回撤 1—导轨；2—单体液压支柱；3—抬棚梁；4—金属网； 5—液压支架；6—维护戗柱；α—煤层倾角	优点：支架从工作面容易抽出 缺点： 　1. 顶板管理困难 　2. 沿工作面拖运支架时，需采取防滑和防倾倒措施
	顶板坚硬、稳定、压力小的条件下	从工作面中部起，分别向工作面两端方向背向拆除液压支架 　支架拆除后的顶板要用点柱或铺设木垛及时维护，并随着支架的拆除，相隔一定安全距离将点柱或木垛回收，使顶板垮落。但应在煤壁附近适当留下斜撑，以利拆除过程中的通风 1—木垛；2—液压支架	1. 利用开辅助巷双头拆除，具有支架直接上车、调向容易、运送简便、速度快、时间短的优点。缺点是多开巷道，控顶面积大 　2. 利用留通道双头拆除的优点是速度快、时间短。其缺点是多增加一套拆除系统的设备，必要时须增设局部通风机通风

三、拆除液压支架的一般操作方法

（1）支设拆除液压支架所需临时支护，清理杂物，固定好变向滑轮。

（2）将被拆除支架的邻架操作改为本架操作，缩回侧护板和伸缩梁。

（3）降柱，解除主油管。

（4）拴好钢丝绳与支架的连接装置，开动绞车，将支架牵引抽出并调向，然后运出工作面。

（5）在已拆除的空间，按规定设置木垛或密柱、点柱、丛柱等维护顶板，并进行回柱放顶。

四、液压支架装车方法（表10－6）

表10－6　液压支架装车方法

名称	装 车 方 法	示 图
起吊装车	液压支架从工作面拆除运到装车站后，利用装车站的起吊机具（如电动葫芦、起吊绞车等），拆去支架上不能整体装车运输的有关部件，即可将支架主体吊装在平板车上，捆绑牢靠后运走	 1—单体支柱；2—木支架；3—横梁； 4—滑轮；5—构木；6—起重绞车
自吊装车	当液压支架从工作面拆出并拖运到自吊装车架的滑板上后，先用调位千斤顶将支架调整在合适位置，接通液压管路给支架供液使液压支架升起，然后用吊装横担上的4个挂钩挂住支架两侧的4个起吊点，再给支架供液降柱，使支架底座吊起。这时，将装支架的平板车由轨道推入到装车滑板的沟槽中，并置于被吊起支架下方的适当位置，然后再升柱，使支架放落在平板车上，摘去吊装挂钩后，支架降到最低高度，捆绑好推到运输轨道上运走	 1—横梁；2—吊装横担及挂钩；3—单体液压支柱； 4—底座；5—横撑；6—调位千斤顶；7—滑板
地槽装车	支架与地槽方向垂直：支架沿工作面垂直方向用绞车牵引拆出后，直接拉上装架平板车，然后利用变向滑轮、液压单体支柱和辅助千斤顶使支架调向90°，调整好位置，捆绑牢靠后运走	 1—液压支架；2—平板车；3—滑轮

表 10 - 6（续）

名称	装 车 方 法	示　　图
起吊装车	支架与地槽同向；支架从工作面拆出并运到装车点，先将装架平板车推入地面槽内，用挡车横木或其他方法将平板车稳定，然后用绞车牵引直接把支架拉上平板车，调整好位置，捆绑牢靠，去掉挡车横木或稳固装置后运走	 1—支架；2—平板车；3—横木；4—馀木
自吊装车	液压支架从工作面拆出拉到装车点后，将装架平板车推入装车点，并与平台（或斜台）挂环固定，然后开动绞车，将支架经斜台拉上平板车，使其平衡稳定，捆绑牢靠后运走	 (a) 平台装车 (b) 斜台装车 1—平台；2—平板车；3—轨道；4—斜台；5—轨道
地槽装车	1. 将支架拉入装车站的起装架下 　　2. 调整支架，拆除前连杆固定销 　　3. 拆除操作阀组架，解除立柱的联接管路，取出立柱的上下固定销 　　4. 在解体架前方横排 4~6 根垫木，操作起吊设施，将支架顶梁吊起，让立柱自动倒在垫木上 　　5. 将立柱上下腔油嘴封堵，用小绞车吊起立柱，装入专用车内 　　6. 调整起吊装置，在顶梁下的柱窝内垫支两根 12~14 cm 粗、80 cm 左右长的短圆木，使解体后的顶梁与底座保持一定的空间距，以保护两者的管路和阀组等不受挤压，并捆绑顶梁与底座 　　7. 将支架吊起，放置平板车上，用钢丝绳、螺钉或套板将支架与平板车固定牢靠，然后运走	 1—顶梁；2—掩护梁；3—连杆； 4—底座；5—垫木；6—平板车

第五节　拆除后工作面扫尾工作

工作面设备和工作面巷道设备（包括拆除支架时用的乳化液泵站）全部拆除完毕后，再将工作面巷道支架回收干净，巷道密闭严实。

第六节　综采工作面搬家机具

综采工作面搬家机具及其主要用途见表10-7。

表10-7　综采工作面搬家机具

机具名称	用　途　说　明
小绞车	调向绞车、装卸绞车、拖运绞车的形式、容量和钢丝绳直径等，必须按设计计算的结果选用，不得用小容量的绞车代替
起重机具	主要有起重葫芦（防爆电葫芦、手拉葫芦）、千斤顶（液压千斤顶、螺旋千斤顶）、起重机架等
爬犁车	工作面底板较软，在沿底板拖运液压支架和大型设备时，会将底板划破而增加拖运阻力，在这种条件下可利用爬犁车 1、4—钢丝绳；2—底托板；3—限位块
导向滑板	在运输液压支架时，为减少摩擦阻力和防止跑偏，将支架装在有导向块的滑板上沿轨道拖运 1—导向滑板；2—轨道；3—轨枕
自吊装车架	利用液压支架本身立柱的升降来装车的一种机具
平台和斜台	平台和斜台是装卸液压支架的两种机具，它们的结构基本相同，都是通过牵引绞车牵引液压支架来实现装卸车
运输轨道	运送综采设备的轨道，必须是每米质量在18 kg以上的钢轨
变向滑轮	变向滑轮的选择应根据具体使用条件及所承受的力和强度，以及穿过变向滑轮的绳径来确定

表 10 - 7（续）

机具名称	用　途　说　明
运输车辆	运送综采设备必须使用特制的平板车，车上要有特制的锁紧装置，以固定物件，自制专用车辆的宽度和轴距，必须符合巷道宽度和曲率半径的要求，非标准车轮的强度要符合要求
自移式抬棚	这种机具用于先掘出小断面开切眼，工作面安装液压支架时再进行二次扩宽的安装方法。开切眼掘进和扩巷均用木棚支护，扩巷支护的木棚要与原掘进时的木棚交错搭接。安装时用两组顺山抬棚把搭接棚腿替换掉，按顺山方向把掩护支架安装好 1—单棚梁；2—底座；3—双伸缩立柱推拉千斤顶；4—双棚梁

第五部分

高级煤矿机械安装工知识要求

第十一章 液 压 传 动

第一节 液 压 泵

一、作用与分类

液压泵是由电动机带动，将机械能转变为油液的压力能的能量转换装置。液压泵不断输出具有一定压力和流量的油液，驱使液压缸或液压马达进行工作，所以液压泵是液压系统中重要的组成部分。

液压泵的种类较多，常见的有齿轮泵、叶片泵、柱塞泵、螺杆泵等。液压泵还有定量泵和变量泵之分，其区别在于泵的排量是否可以调节。

二、工作原理及应用

不论是哪一种液压泵，都是按照密封容积变化的原理进行工作的。密封容积由小变大时吸油，由大变小时压油。密封容积不断地变化，液压泵就会不断地吸入油液并输出压力油。下面分述三种常见液压泵的特点及应用，并以齿轮泵为例，说明液压泵的工作原理。

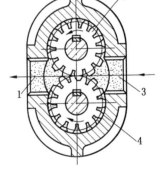

1—压油腔；2—主动齿轮；
3—进油腔；4—从动齿轮
图 11 - 1 外啮合齿轮泵的工作原理

1. 齿轮泵

齿轮泵是机床液压系统中最常用的一种液压泵。图11 - 1 所示为外啮合齿轮泵的工作原理示意图。一对啮合的齿轮由电动机带动旋转（按图示方向）。进油腔一侧的轮齿脱开啮合，其密封容积增大，形成局部真空，油液在大气压力的作用下进入油腔并填满齿间。吸入到齿间的油液随齿轮的旋转带到另一侧的压油腔，此腔齿轮进入啮合，容积逐渐减小，齿间部分的油液被挤出，形成压油过程，油被压出送入油路系统。

外啮合齿轮泵结构简单，成本低，抗污及自吸性好，故得到广泛应用。但其噪声较大，且压力较低，一般用于低压系统中。

CB - B25 是一种常用的齿轮泵代号，其含义是：

C B — B 25
├─ 流量（25 L/min）
├─ 低压（2.5 MPa）
├─ 泵
└─ 齿轮

2. 叶片泵

叶片泵和齿轮泵相比，流量均匀，运转较平稳，噪声小，压力较高，使用寿命长，广泛地应用于车床、钻床、镗床、磨床、铣床、组合机床的液压传动系统。叶片泵有定量泵和变量泵之分。

常用的叶片泵的额定压力为 6.3 MPa，流量有 32 L/min、40 L/min、63 L/min、80 L/min 和 100 L/min 等几种。

3. 柱塞泵

柱塞泵的显著特点是压力高，流量大，便于调节流量，多用于机床等高压、大功率设备液压系统。

柱塞泵的额定压力为 6 ~ 32 MPa，流量有 30 ~ 200 L/min、30 ~ 300 L/min、60 ~ 400 L/min 等多种。

第二节　液压控制阀

液压控制阀是用来控制和调节液压系统压力、流量及液流方向，以满足执行元件工作要求的装置。根据液压控制阀的这三种功能，可将液压控制阀分为三大类：压力控制阀、流量控制阀和方向控制阀。

1. 压力控制阀

压力控制阀的作用是控制、调节液压系统中的工作压力，以实现执行元件所要求的力或力矩。按其性能和用途的不同分溢流阀、顺序阀和压力继电器等几种。它们都是利用油液的压力和弹簧力相互平衡的原理进行工作的。

如图 11 - 2 所示为直调式钢球溢流阀的工作原理图。压力为 p 的油液从阀体下端的进油口进入阀内，当此液压推力达到且略超过弹簧预压力时，油液即推开钢球，打开阀口，使油液受到节流作用降压通过，经右侧回油口 O 流回油箱。压力 p 降低时，弹簧力压紧钢球，使阀口关闭。转动上方的螺杆可以调节弹簧的预压力，也就是调节溢流阀的调整压力。溢流阀可起定压、溢流和保护系统安全的作用。

2. 流量控制阀

流量控制阀是靠改变通流面积的大小来控制、调节液压系统中的流量，以实现执行元件所要求的速度或转速。常用的流量控制阀有节流阀和调速阀等。

如图 11 - 3 所示为节流阀工作原理图。这种节流阀的节流口形式是轴向三角槽式，油液从进油口 A 进入，经阀芯下端的节流槽，从出油口 B 流出，转动螺杆可使阀芯做轴向移动，以改变节流口大小，从而调节流量。

3. 方向控制阀

方向控制阀分单向阀和换向阀两类，它们的基本作用是控制液压系统中的油流方向，以改变执行机构的运动方向或工作顺序。每类又有多种结构形式，如换向阀有手动换向阀、电磁换向阀、机动换向阀等。

如图 11 - 4 所示为常用的二位四通电磁阀的工作原理图。当电磁铁通电吸合时，滑阀向左移动（图 11 - 4a），压力油从口 1 进入阀腔，再从口 3 输出到液压缸的一腔，液压缸的另一腔的油液从口 4 进入阀腔，再由口 2 流回油箱；当电磁铁断电放松时，滑阀在弹簧力的作用下向右移动（图 11 - 4b），则压力油从口 1 进入阀腔，经口 4 进入液压缸的一腔，另一腔油液从口 3 进入阀腔，经口 2 流回油箱。

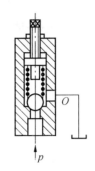

图 11 - 2　直调式钢球溢流阀

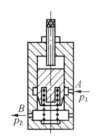

图 11 - 3　节流阀

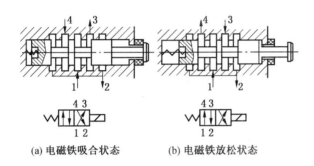

(a) 电磁铁吸合状态　　　　(b) 电磁铁放松状态

图 11 - 4　二位四通电磁阀

第三节　液压辅助元件

液压辅助元件是液压系统中必不可少的组成部分，它对液压系统的动态特性、工作可靠性、工作寿命等均有直接的影响。

1. 油箱

油箱用来储存油液，同时起着散热和分离油中所含气泡与杂质的作用。按其使用特点可分为开式、隔离式和充气式三种。油箱与泵、电机、控制阀类、指示仪表组装成一个独立部件，称为泵站或液压站。

为了使油温控制在某一范围内，有的油箱设有各种形式的冷却器和加热器。

2. 滤油器

滤油器的基本作用是使液压系统中的油液保持清洁纯净，以保证液压系统的正常工作并提高液压元件的使用寿命。根据液压系统的不同要求，选用适当的滤油器是非常重要的。

根据过滤精度和结构的不同，常用的滤油器分为网式滤油器、线隙式滤油器、纸质滤油器及烧结式滤油器等四种。其中网式滤油器是以铜丝网作为过滤材料，通油能力大，但过滤效果差。线隙式滤油器的结构简单，过滤效果较好，已得到广泛应用。纸质滤油器与烧结式滤油器过滤精度较高，但易堵塞，堵塞后不易清洗，一般需更换滤芯。如图 11 - 5和图 11 - 6 所示为网式滤油器和线隙式滤油器的结构简图。

　　此外，为了便于观察滤油器在工作中的过滤性能，及时发出指示或讯号来显示堵塞程度，以便能及时清洗或更换滤芯，有些滤油器装有堵塞指示和压差发讯装置。如图 11 - 7所示为滑阀式堵塞指示装置的工作原理示意图。

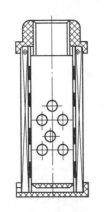 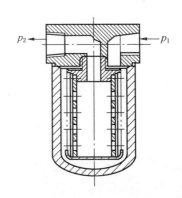 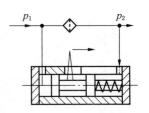

图 11 - 5　网式滤油器　　　　图 11 - 6　线隙式滤油器　　　　图 11 - 7　滑阀式堵塞指示装置

　　3. 空气滤清器

　　空气滤清器垂直安装在油箱盖上，可以过滤进入的空气，防止脏物进入油箱。同时，它也是油箱的注油口，可对每次注入的油液进行过滤。

　　4. 蓄能器

　　蓄能器是储存和释放液体压力能的装置，有些液压系统中需应用它。蓄能器的主要功用有保证短期内大量供油，维持系统压力及吸收冲击压力或脉动压力等三个方面。常见的蓄能器有弹簧式蓄能器、活塞式蓄能器和皮囊式蓄能器。弹簧式蓄能器是靠弹簧的压缩和伸长来储存和释放液体压力能，后两种则是利用气体的压缩和膨胀，来储存、释放压力能或起缓冲作用的。

　　5. 密封件

　　液压装置的内、外泄漏直接影响着系统的性能和效率。因此，正确选用密封件是非常重要的。常用的密封件有以下几种：

　　（1）"O" 形密封圈（图 11 - 8）。可用于运动件或固定件的密封。

　　（2）"Y" 形密封圈（图 11 - 9）。如图 11 - 9a 所示为孔用小断面 "Y" 形（也称作"Y_x" 形）密封圈。图 11 - 9b 所示 "Y" 形密封圈较小，密封性好，适用于各种相对滑动处的密封。

　　（3）"V" 形密封圈（图 11 - 10）。"V" 形密封圈由支承环、密封环、压环组成，当压力较高时，可增加中间环的数量。这种密封圈摩擦较大，但密封性好，耐高压，适用于运动速度不高的活塞处密封。

　　此外，密封圈还有 "U" 形、"L" 形等种类。

　　6. 管件

　　（1）油管。油管是用以连接液压元件和输送液压油的。液压系统中使用的油管有钢管、铜管、尼龙管和橡胶软管等，可按使用要求选用。

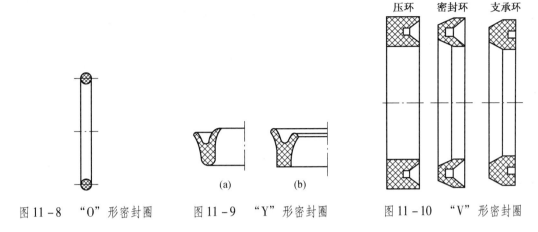

图 11-8 "O"形密封圈   图 11-9 "Y"形密封圈   图 11-10 "V"形密封圈

(2) 管接头。管接头是油管与油管、油管与液压元件之间的可拆式连接件。常用的管接头主要有焊接式、卡套式、薄壁扩口式和软管接头等。焊接式和卡套式管接头多用于钢管连接中，适用于中压、高压系统。薄壁扩口式管接头则用于薄壁钢管、铜管、尼龙管或塑料管的连接，适用于低压系统。软管接头适用于橡胶软管，用于两个相对运动件之间的连接。

第四节 常用液压元件的图形符号

液压元件的图形符号有结构符号和职能符号两种。图 11-11a 所示是用结构符号表示的磨床工作台液压传动系统原理图。其直观性强，容易理解，检查与分析故障较方便，但图形复杂，绘制不便。图 11-11b 所示是用职能符号来表示的磨床工作台液压传动系统原理图，比较简单明了，绘制方便。常用液压元件的职能符号见表 11-1。

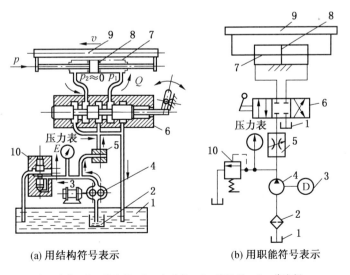

(a) 用结构符号表示   (b) 用职能符号表示

1—油箱；2—滤油器；3—电动机；4—液压泵；5—节流阀；
6—换向阀；7—液压缸；8—活塞；9—工作台；10—溢流阀
图 11-11 磨床工作台液压传动系统原理图

表 11-1　常用液压元件的职能符号

类别	名　称	符　号	类别	名　称	符　号
液压泵	单向定量液压泵		压力阀	直接控制溢流阀	
	双向定量液压泵			直接控制顺序阀	
	单向变量液压泵			减压阀（定量）	
液压缸	双作用双活塞杆液压缸			压力继电器	
	双作用单活塞杆液压缸		方向阀	液动滑阀（三位四通）	
方向阀	普通单向阀		流量控制阀	节流阀	
	手动换向阀（三位四通）			可调式节流阀	
	电磁换向阀（二位三通）			单向节流阀	
	电液换向阀（三位四通）			压力表	
辅助元件	油箱（管端在油面上）			连接管路	
	油箱（管端在油面下）			交错管路	
	粗滤油器				
	精滤油器				

第十二章　设备的安装就位、找正

第一节　安装基准线的架设与设备就位

在设备安装时，必须正确地架设出安装基准线，然后根据安装基准线将设备安装到正确位置上，这是设备安装中的一道主要工序。

一、安装基准线的架设

确定一个设备在机房的空间位置，需要3个坐标数值。所以安装基准一般有平面位置基准线（纵向和横向）和标高基准线。

设备就位前，应按施工图并依据有关机房的轴线、边缘线和标高线设出安装基准线。对于相互间有密切联系的设备，需要在设备基础上埋设钢制的中心标板和标高基准点。根据中心标板可以定出平面位置基准线；根据标高基准点可以定出标高基准线。

1. 中心标板

设备的中心线，就是根据标板的中心标点来对准的。中心标板是预先埋设在设备基础表面上的金属物（工字钢、槽钢或角铁），其工作面尺寸为（30~50）mm×（150~200）mm 按设计要求，测量人员用经纬仪把点投到4块中心标板上，用样冲打出一个很小的眼作为中心标点，如图12-1所示。

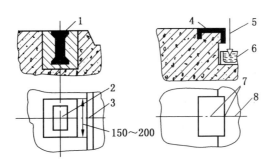

(a) 在基础表面埋设中心标板　　(b) 在基础边缘埋设中心标板

1、4—中心标板；2—冲眼；3、5、6、7、8—安装基准线

图 12-1　中心标板

中心标板的埋设位置，要在基础四周的中心线附近对称布置（即埋4块），要注意埋设位置一定要离开设备轮廓尺寸，以便于设备找正。

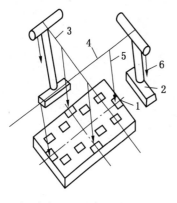

1—中心标板；2—线架；3—纵向钢丝；
4—横向钢丝；5—线锤；6—拉紧坠
图 12-2　活动挂线架

2. 纵、横安装基准线的架设

设备安装时，它的平面纵、横向位置是用两条纵横相交并互相垂直的十字线来找正的。如先安装设备，后盖机房，可使用活动挂线架挂设出安装基准线，如图 12-2 所示。

如在机房内安装设备，一般利用固定在机房四周墙壁上的固定挂线架挂设出安装基准线。固定挂线架如图 12-3 所示，可用 15~20 mm 圆钢或 30~50 扁钢做成弓形，用水泥砂浆固定在建筑物上（两个弓形固定挂线架的标高要相同）。待水泥砂浆干固后，测量人员用经纬仪将点定到挂线架上，然后由安装人员锉成三角形豁口，再由测量人员重新校对一次是否锉得正确。按此步骤，将 4 个固定挂线架全部锉好。

现以 JK 型矿井提升机为例，说明固定挂线架的应用。如图 12-4 所示为矿井提升机十字中心线位置图，横向为主轴中心线，纵向为提升中心线，它是安装提升机的纵横基准十字线。是由测量人员按井口的 4 个永久中心标点用经纬仪测到提升机房墙壁上埋设的中心标板上。然后将 0.5 mm 钢丝分别拉紧在 8 个固定挂线架上，挂出 4 条纵横安装基准线。如图 12-5 中，横向为主轴中心线，纵向为提升中心线。此图为双滚筒提升机，其提升中心线为两滚筒间的中心线，与两罐道间的中心重合。

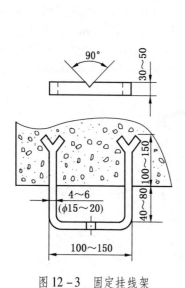

图 12-3　固定挂线架

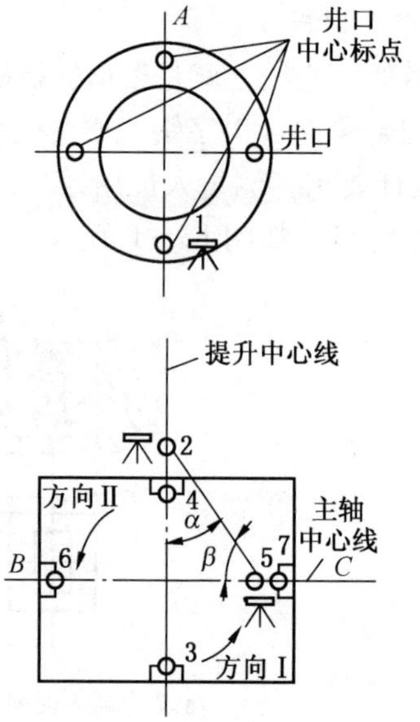

图 12-4　提升机中心十字线测量法示意图

3. 标高基准点

标高是指地面上某一点高于另外一点的高度数值，一般以米为单位，高出平均海平面的垂直距离，称为绝对标高。

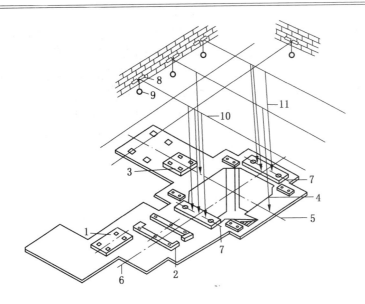

1—电动机基础；2—减速器基础；3—液压站基础；4—滚筒部位；5—提升中心线；

6—主轴中心线；7—轴承中心线；8—中心线架；9—拉紧铊；10—中心线；11—线坠

图 12-5 提升机基础及中心线架应用示意图

每个矿（厂）区在建设时，都须根据海拔高度设立永久基标，作为建设工地的零位线，该零位线是安装设备计算高度的基准。设备（某点）与零位线的垂直距离称为相对标高。绝对标高与相对标高的关系，如图 12-6 所示。

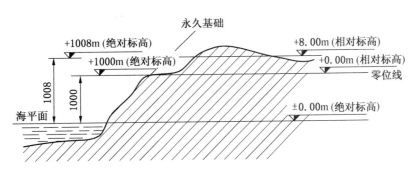

图 12-6 标高

标高基准点就是根据矿区的永久基标，经过精密测量而在建设工地上获得的基准点。基准点的标高和设备的标高均采用相对标高，并规定：高于零位线之上的标高值为"＋"，低于零位线之下的标高值为"－"。

设备上某加工面至基准点的高度差等于该设备加工面的标高减去基准点的标高。例如：某设备加工面的标高为 －250 mm，基准点的标高为 －750 mm，则该设备加工面至基准点的距离为

$$-250-(-750)=500 \text{ mm}$$

4. 标高基准点的埋设和测定方法

对于有标高要求的设备，须在设备附近基础上埋设若干固定点，作为标高基准点，用来检测设备的标高。标高基准点是设备安装时确定标高的基准，因此标高基准点的精度要高，其误差为 ±0.10/1000 mm。测定时，由测量人员用精密水准仪按矿区的永久基标点，转测到要安装的机房基础固定点上，此点即为标高基准点。

图 12-7　标高基准点埋设

标高基准点的埋设，一般采用圆头铆钉，埋在适当位置（既不妨碍施工，又便于测量）。如基础内有钢筋，铆钉可焊在钢筋上，或在铆钉下边焊一块钢板，埋在基础中，如图 12-7 所示。也可用弯铁弯成弓形，埋设在建筑物的墙壁上，如图 12-8 中的 8 所示。

提升机轴承座找标高方法如图 12-8 所示，已知标高基准点 7 的标高为 ±0，轴承座 A 的相对标高为 700 mm，轴承座的实际高度 h_1 为 500 mm，机座的实际高度 h_2 为 140 mm，已铲好垫铁窝 B 的相对标高为 -20 mm，则应垫垫铁 H 的高度为

$$H = (A - B) - (h_1 + h_2) = [700 - (-20) - (500 + 140)] = 80(\text{mm})$$

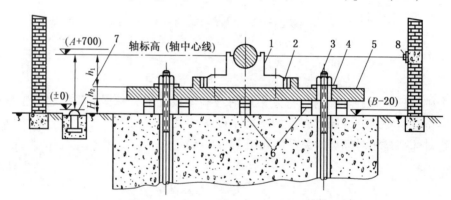

1—轴承座；2—楔铁；3—地脚螺栓；4—垫圈；5—机座；6—垫板组；
7—基础中埋设的标高基准点；8—墙壁上埋设的标高基准点

图 12-8　基础标高确定示意图

二、设备就位

设备就位前，必须在设备上确定出相互垂直的两条中心线（或每条中心线上的两点）和一个精确的加工面（或工作面），分别作为平面的纵、横和高度方面的定位基准。安装时，使设备的定位基准和安装基准基本上重合，这项工作称为设备就位。设备就位时，其允许偏差见表 12-1。

表 12-1　设备上定位基准的面、线或点对安装基准的允许偏差

序　号	项　　目	允许偏差/mm	
		平面位置	标　高
1	与其他设备无机械上的联系	±10	+20 −10
2	与其他设备有机械上的联系	±2	±1

设备就位的方法有以下几种：

（1）先在机房安装好桥式吊车，再用桥式吊车安装其他设备。这种方法既快又安全，是最好的一种就位方法。

（2）利用液压铲车将设备铲起来，再放到基础上。

（3）架设人字桅杆，挂上链式起重机，将设备吊起，再放到基础上。

第二节　设备安装中的调整工作

设备就位后，必须使设备的中心、标高和水平度通过调整达到国家规范规定的质量标准。这项工作通常称为投平找正。

一、设备的找正

找正就是使设备主体的纵、横中心线与安装基准线对正。为此，设备找正时，必须先找出设备的中心点作为设备的定位基准。设备的找正方法有以下几种。

1. 轴心点挂线找正法

如图 12 - 9 所示，在要找正设备的轴上，用铅块压入轴的中心孔，然后将单脚划规的两脚调节到轴径的一半（估计），以单脚划规的弯脚贴住工件边缘，另一尖脚在的端面上划出圆弧，每次弯脚所贴的地方（即 A、B、C、D 四个点处）共划 4 次，即在铅块上划出一个井字线，然后在井字线中心处，冲出一个 $\phi0.5$ mm 的中心点，要在中心点上涂上红色，以便于观测。

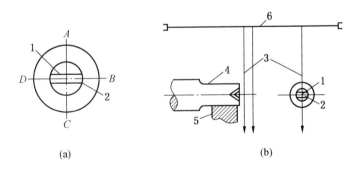

（a）　　　　　　　　　　　　（b）

1—中心点；2—铅块；3—线坠；4—轴颈；5—轴承；6—安装基准线

图 12 - 9　轴心点挂线找正示意图

设备找正时，首先通过固定挂线架挂出安装基准线，然后在轴的两端各垂下 2 个线坠，用三点成一线原理，使设备定位基准中心和线坠重合即可找正设备。

2. 轴承中心点找正法

找轴承中心点的划线方法，如图 12 - 10 所示。先用划规找出划线基准点 O，用样冲打一标记，再用划规找出 A、B 两点，连接 AB 线即为轴承的定位基准，并将该线移到轴承曲端面 1、2 两点，用样冲打出标记。

轴承的横向定位中心线划法如下：用划规在图 12 - 10 所示 Ⅰ—Ⅰ、Ⅱ—Ⅱ 处找出中心线，并延长到轴承两侧面，划一直线，即为轴承横向定位中心线。

　　3. 轴承座挂线找正法

　　如图 12 - 11 所示为 1.2 m 绞车轴承座安装示意图。其找正方法如下：标出轴承中心点，把轴承放在轴承座上，找正时，使轴承的纵、横定位中心线同机座中心点对正，并拧紧轴承座与机座的联接螺栓。然后挂上纵向安装基准线（找主轴用），垂下 6 个线坠，对 3 个轴承座进行纵向找正；然后由横向安装基准线（找正提升中心）中间位置垂下一个线坠，找正距离尺寸。但须注意：在找正之前要对机座初步找平。

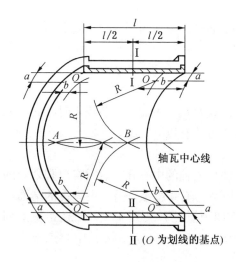

图 12 - 10　找轴瓦中心线示意图

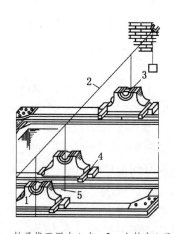

1—轴承找正用中心点；2—主轴中心线；
3—长水平尺；4—钢接；5—线坠

图 12 - 11　1.2 m 绞车轴承座安装示意图

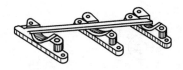

图 12 - 12　用平尺找正轴承

　　4. 轴承座靠尺找正法

　　如图 12 - 12 所示为轴承座靠尺找正法。找正时，用平尺按左右侧两次或多次放在轴承上，与轴承瓦口对齐，然后用塞尺检查平尺与轴承座间的间隙，根据间隙即可判断诸轴承座的中心是否在垂直面的一条直线上。假如轴颈相等，则平尺与轴承间不应有间隙存在；假如其中有一个不等径的轴颈，但只要它们的中心线在同一直线上，那么它与平尺之间的距离应该等于半径差。这种找正方法适用于小型单体机械设备。

二、设备的找平

　　找平就是将设备的主要工作面调整成水平或铅直（有些设备主要工作面垂直于水平面）状态的工作。在找平时，一般先进行设备的初平，待地脚螺栓二次灌浆并清洗设备后，再进行一次精平。

　　1. 设备的初平

　　设备的初平就是在设备就位、找正之后（不再水平移动设备），初步地将设备的水平度大体上调整到接近要求的程度。设备的初平工作一般与设备就位结合进行。设备初平的基础方法是用水平仪在设备的精加工水平面上测量水平度。设备初平时应注意下列事项：

（1）水平度的测定面，应选择精确的、主要的加工面。在较小的测定面上，可直接用方水平仪测量；大的测定面应先放上平尺，然后用方水平仪检查。

（2）用平尺在设备的两个高度不同的测定面上测定水平时，可在低平面上加以块规或特制精确的垫块。

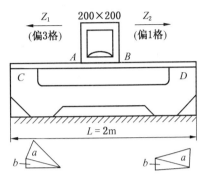

图 12 - 13　利用方水平仪
找正设备水平度

（3）找平用的方水平仪、平尺等量具和工具，都必须经过校验。

（4）使用方水平仪时，应在被测平面上正、反各测一次，根据两次读数的结果，以修正其误差。

如图 12 - 13 所示为用精度为 0.02 mm/m 的方水平仪找正某设备的水平度。方水平仪在正测时气泡向左偏三格，反测时气泡向右偏一格，试求设备本身的水平度和方水平仪本身的误差。

根据测量结果，可以判断方水平仪本身的误差大于设备本身的水平度误差。由表 12 - 2第三种情况可得方水平仪本身误差为

表 12 - 2　利用方水平仪找正设备的水平度情况表

气泡移动情况		一	二	三	四
位置	正	0	0	→（或←）	→（或←）
	反（转过180°时）	0	→（或←）	→（或←）	→（或←）
图例	正测时读数 Z_1	0			
	反测时读数 Z_2	0			
计算公式 a—水平仪本身误差 b—被测面水平度误差			$Z_1 = a - b = 0$ $Z_2 = a + b$ $a = b = \frac{1}{2}Z_2$	$Z_1 = a + b$ $Z_2 = a - b$ $a = \frac{1}{2}(Z_1 + Z_2)$ $b = \frac{1}{2}(Z_1 - Z_2)$	$Z_1 = a + b$ $Z_2 = b - a$ $a = \frac{1}{2}(Z_1 - Z_2)$ $b = \frac{1}{2}(Z_1 + Z_2)$
结　论		方水平仪和被测面均没有误差	方水平仪和被测面均有误差，且数值相同，均等于读数值的一半	两次测量时，气泡方向相反，说明方水平仪的误差大于被测面水平度的误差	两次测量时，气泡方向相同，说明方水平仪的误差小于被测面水平度误差

$$a = \frac{1}{2}(Z_1 + Z_2) = \frac{1}{2}(3 + 1) = 2（格）$$

故方水平仪本身每米误差为

$$2 \times 0.02 = 0.04(\text{mm/m})$$

若方水平仪的规格为 200 mm × 200 mm，则方水平仪测量工作面实际误差为

$$\Delta h = 200 \times \frac{0.04}{1000} = 0.008(\text{mm})$$

即方水平仪 A 端比 B 端高。

设备的水平度误差为

$$b = \frac{1}{2}(Z_1 - Z_2) = \frac{1}{2}(3 - 1) = 1(\text{格})$$

若被测面跨度 $L = 2$ m，则设备水平度误差为

$$2 \times 0.02 = 0.04(\text{mm})$$

即设备 C 端比 D 端高 0.04 mm 可用垫铁来找平。

设备初平后，即可进行地脚螺栓孔灌浆。

2. 设备清洗

机械设备安装过程中的清洗，是指清除和洗净零部件表面的油脂、污垢和其他杂质，使其表面干燥，并具有防锈能力。对拆成零件或部件运到安装工地的大型机械设备，因其加工面上涂有防锈漆或干油，安装时必须清洗。对整体装运到工地上的中小型机械设备，由于长途运输或在仓库中存放，致使油脂变质、加工面生锈，以及浸有泥砂污物等，安装时也必须清洗。但对于设备技术文件中规定不得拆卸的机件、有过盈配合的机件，不要随意拆开清洗。

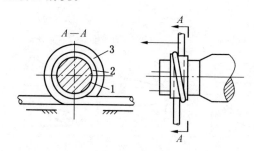

1—轴颈；2—粗布；3—布条

图 12-14　轴颈打磨法

清洗分初洗和净洗两步。初洗时，首先清除加工面上的防锈油、油漆、铁锈和油泥等污物，先用软质刮具刮，再用细布沾上清洗剂擦洗，最后用煤油洗，直到清洗干净为止。

图 12-14 所示为清洗轴颈方法，先用煤油洗掉干油。然后用布条绕轴颈上，内放粗布，用两个布条两端交替进行拉、松，对轴颈进行打磨。如发现轴颈有碰伤之处，可用细油石涂机油磨平后，再进行打光，然后用煤油清洗干净，涂上机油保护。

对油管、油孔和机体上油路，要用铁丝绑上浸有煤油的布条，往复拉几次，直到洗净为止，再用清洁布条通一下，最好再用压缩空气吹一吹。有的油管还要求酸洗，酸洗多用盐酸或硫酸，盐酸效果好，硫酸价格便宜，所以现场多用硫酸。酸洗时先将水注入酸洗槽中，再将酸以细流缓慢地注入水中（切不可先放酸，后加水，否则可能会因气体急剧挥发而引起爆炸），并且不停地搅拌，使其均匀。酸的加入量一般是水量的 5%。浸泡的时间与温度有关，用盐酸时，当温度为 18～40 ℃ 时，需浸泡 15～50 min；用硫酸时，在同样温度下需浸泡 45～135 min。酸洗之后，要用氢氧化钠或碳酸钠稀溶液中和，然后用热水洗涤，使其完全保持中性，最后擦干，以免再次生锈。

3. 设备的精平

设备的精平是在初平的基础上，对设备的水平度作进一步的调整，使它完全达到合格

的程度。在地脚螺栓二次灌浆后，且混凝土强度大于设计强度 70% 时，即可开始精平。精平是一道十分重要的工序，它是最后一次检查调整。精平的好坏，决定着设备安装精度的高低。在精平过程中，一边找平设备，一边拧紧地脚螺栓，直到设备安装达到允许偏差为止。

如图 12-15 所示为 1.2 m 绞车主轴精平方法示意图，在绞车主轴两端轴颈上各放上一组带刻度尺的方水平尺，然后由测量人员用精密水准仪测试，按测试的读数进行比较，对低的一侧用加高斜垫铁的方法进行调整，直到合适为止。同时可在机座上测试横向水平度。

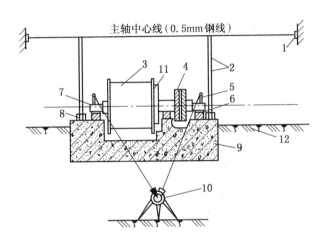

1—中心线架；2—线坠及垂线；3—滚筒；4—减速器齿轮；5—测量用带刻度方水平尺；
6—轴承座；7—绞车主轴；8—油盆（稳线用）；9—基础；10—水准仪；11—滚筒闸轮；12—地坪

图 12-15　1.2 m 绞车主轴精平方法示意图

4. 轴瓦的刮研

在设备精平后，为了保证轴颈与轴瓦的正常工作，必须进行轴瓦的刮研，对轴瓦与轴颈的接触面间隙进行检查和调整，以达到规范要求。

1）轴瓦的刮研技术要求

轴瓦的刮研应包括轴瓦背面（瓦背）与轴承体接触面的刮研和轴瓦与轴颈接触面的刮研两部分，其技术要求如下：

（1）瓦背与轴承体的接触应保证细密、均匀，其具体要求是：下瓦背与轴承座的接触面积不得小于整个面积的 50% ，上瓦背与轴承盖间的接触面积不得小于 40% ；瓦背与轴承座和轴承盖之间的接触点应为 1～2 点/cm^2。如果接触面积过小或接触点数过少，将会使轴瓦所承受的压强增加，从而产生轴瓦的变形，甚至可能引起巴氏合金层的破裂或剥落。

检查时，可将轴瓦放在轴承体内（对号入座，不可互换），用着色法检查，如果接触面积与接触点数不符合要求，可用刮削或锉削来修配。

（2）轴瓦与轴颈接触面的刮研有两方面的要求：①轴瓦与轴颈的接触角。轴瓦与轴颈间接触面积所对的圆心角称为接触角，如图 12-16 所示。接触角不能过大或过小，若

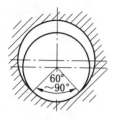

(a) 新装配的轴承

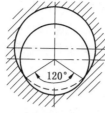

(b) 磨损后的轴瓦

图 12 - 16　接触角

角度过大，则会影响润滑油膜的形成，从而得不到良好的润滑，轴瓦很快磨损；若角度过小，则会增加轴瓦的压强，也会加速轴瓦的磨损。一般规定：新装配的轴承，接触角以 60°～90° 为宜；当轴瓦磨损后，其极限接触角为 120°。②轴瓦与轴颈的接触点。为了使轴瓦和轴颈接触均匀，要能在刮研后使轴瓦的接触面上保持细密大小一致的接触斑点。所要求接触点的数目，可根据轴的载荷、转速和设备的精度等因素来决定。一般说来，载荷大、转速高和精度高的机械设备要求轴瓦与轴颈接触点密度大，且分布均匀。通常矿山机械要求接触点为 2～3 点/cm²。

2）轴瓦的刮研方法

刮研轴瓦时，一般多采用与其相配的轴来研磨。研磨时，将轴颈表面涂一层均匀薄薄的显示剂，然后把轴装在滑动轴承上，紧固好防止轴瓦窜动的压板螺栓。使轴在正、反方向转 2～3 转，拆卸开压板螺栓，吊起轴，即可看出在瓦面较高的地方出现色斑，根据色斑进行刮削。每刮一遍应改变一次方向，使刮痕之间的夹角为 60°～90°，此法称之为交叉刮瓦法，如图 12 - 17 所示。这样连续数次，直到合乎要求为止。刮瓦时，一般先刮下瓦，后刮上瓦；先刮研接触点，同时照顾到接触角，最后再刮侧间隙。

3）轴瓦与轴颈间的间隙（简称轴瓦间隙）

间隙的意义及其重要性

轴瓦与轴颈之间的间隙有径向间隙和轴向间隙两种，径向间隙又有顶间隙 h 和侧间隙 s 之分，如图 12 - 18 所示。顶间隙的作用是为了保护液体摩擦，顶间隙的数值为 $0.001d～0.002d$，d 为轴颈的直径；侧间隙的作用是为了积聚润滑油，以利于形成油楔，侧间隙为顶间隙的一半。轴瓦的径向间隙在设备图纸或随机技术文件中一般都有规定。轴向间隙的作用是补偿热胀冷缩的变化量，一般要求轴向间隙值为 0.5～1.5 mm。

1—瓦衬；2—巴氏合金；3—接触点

图 12 - 17　交叉刮瓦法

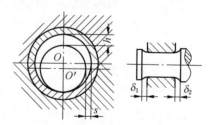

O—轴瓦中心；O′—轴颈中心

图 12 - 18　滑动轴承间隙

4）轴瓦间隙的测量与调整

通常采用塞尺检查法和压铅法对轴瓦间隙进行测量和调整。

塞尺检查法：用来检查顶间隙和侧间隙，测量方法如图 12 - 19 所示。测顶间隙时，塞尺塞进间隙的长度不应小于轴颈长度的 2/3。

压铅法用来测量顶间隙。该检查法比塞尺检查法准确，但比较麻烦。测量方法如图 12 - 20 所示。测量时，先打开轴承盖，用直径 1.5 ~ 2 倍顶间隙、长度为 10 ~ 40 mm 的软铅丝（一般加热到 140 ℃后放入水中淬火，即可变软）9 根（或 6 根），分别放在轴颈和轴瓦的接触面及瓦口平面上，因轴颈表面光滑，铅丝容易滑落，可用油粘住。然后放上轴承盖，对称均匀地拧紧联接螺栓，并用塞尺检查轴瓦口接合面间的间隙是否均匀相等。然后打开轴承盖，量出已压扁的软铅丝的厚度，用下面的公式计算出轴瓦顶间隙的平均值：

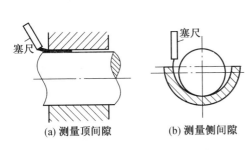

(a) 测量顶间隙　　　(b) 测量侧间隙

图 12 - 19　用塞尺检查轴承间隙

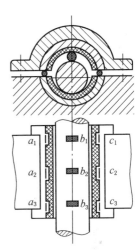

图 12 - 20　压铅法

$$\Delta_{顶} = \frac{b_1 + b_2 + b_3}{3} - \frac{a_1 + a_2 + a_3 + c_1 + c_2 + c_3}{6}$$

式中　　　　　　　　$\Delta_{顶}$——轴瓦平均顶间隙，mm；

b_1、b_2、b_3——轴颈处铅丝压扁后的厚度，mm；

a_1、a_2、a_3、c_1、c_2、c_3——瓦口平面各段铅丝压扁后的厚度，mm。

若测得 $\Delta_{顶}$ 为正值时，表示有间隙；若 $\Delta_{顶}$ 为负值时，表示有过盈。

调整径向间隙时，可在上下轴瓦接触面间加减垫片来进行。调整轴向间隙时，可以修刮轴瓦端面或调整止推螺钉的位置。

第三节　联轴器的安装与找正

联轴器又名靠背轮、对轮或接手等。它是把主动机轴和从动机轴牢固地沿长度联接为一体，用来传递扭矩的一种传动装置。在机械传动中，几乎每一台设备至少装有一组联轴器，它是矿山机械设备中不可缺少的通用传动部件之一。在矿山设备中，它可以联接电动机与减速器、电动机与水泵、提升机主轴与减速器等。联轴器的种类很多，在矿山设备中常用的联轴器有凸缘联轴器、齿轮联轴器、蛇形弹簧联轴器和弹性圆柱销联轴器等几种。

一、联轴器装配

1. 凸缘联轴器

凸缘联轴器如图 12 - 21 所示。它是由两个联轴器（带孔的圆盘）分别装在主、从动轴的端部，然后用螺栓把它们联接起来，平键用来联接圆盘和转轴，以传递扭矩。在装配时，应先将两个半联轴器分别装在各自的轴端，并用百分表测量每个联轴器与轴的装配精度，边缘处端面跳动允差为 0.04 mm，径向跳动允差为 0.03 mm；两半联轴器装在一起时，其端面间（包括半圆配合圈）应紧密接触，两轴的径向位移允差为 0.03 mm。

这种联轴器的优点是构造简单、成本低，能传递较大的扭矩，但是这种联轴器不能消除冲击，且同轴度要求较高。

2. 齿轮联轴器

齿轮联轴器如图 12 – 22 所示。它是由两个外齿轮 1、2 和两个内齿轮 5、7 等组成。外齿轮用键固定在轴端，内齿轮外壳用螺栓联接固定，内齿轮与外齿轮啮合传递扭矩，端盖 4、8 内装有密封皮碗 3、9 以防润滑油从联轴器内流出，联轴器上开有一个油孔，平时用塞钉 6 堵住。齿轮联轴器装配时应采用压入法或热装法，装配后两轴的同轴度误差应不超过表 12 – 3 的规定，两外齿轮端面间隙应符合表 12 – 4 的规定。这种联轴器能传递大的扭矩，且对中性要求低，但是它的减振和缓冲能力小。

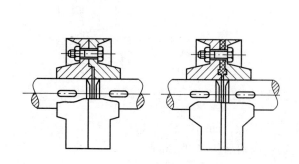

图 12 – 21　凸缘联轴器

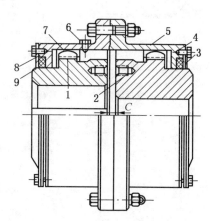

1、2—外齿轮；3、9—皮碗；4、8—端盖；
5、7—内齿轮；6—塞钉

图 12 – 22　齿轮联轴器

表 12 – 3　各种联轴器在安装时同轴度允差　　　　　　　mm

联轴器名称	联轴器直径	径向位移	倾斜（每 1000 mm 之内）
齿轮联轴器	150 ~ 300	0.1	0.5
	300 ~ 500	0.2	0.8
	500 ~ 990	0.3	1.0
	900 ~ 1400	0.4	1.5
蛇形弹簧联轴器	130 ~ 200	0.1	1.0
	200 ~ 400	0.2	1.0
	400 ~ 700	0.3	1.5
	700 ~ 1350	0.5	1.5
	1350 ~ 2500	0.7	2.0
	2500 ~ 3600	1.0	2.0
弹性圆柱销联轴器	100 ~ 300	0.05	0.5
	300 ~ 500	0.10	

表12-4　齿轮联轴器两外齿轮端面间最小间隙　　　　　　　　mm

联轴器外形最大直径	160	185	220	245	320~350	390	410~530
最小端面间隙	2	3	4	5	7	8	10

联轴器外形最大直径	580~650		720~760		880~980		1110~1340
最小端面间隙	12		15		20		25

3. 蛇形弹簧联轴器

蛇形弹簧联轴器如图12-23所示。在两半联轴器的轮缘上有齿，齿间嵌入6~8段矩形剖面的蛇形弹簧5，并用弹簧罩罩住。工作时扭矩由一根轴（半联轴器）经过弹簧传到另一根轴上，因此，这种联轴器具有吸收振动和冲击的作用。装配时，两轴的同轴度允差和端面间隙分别见表12-3和表12-5。

4. 弹性圆柱销联轴器

弹性圆柱销联轴器如图12-24所示。联轴器的两半分别紧装在轴端，两半联轴器1、6沿圆周用具有锥形尾端的联接销5联接，它从一个半联轴器的圆柱形孔插入，穿入另一个半联轴器，再用螺母拧紧，联接销5上套有弹性胶圈4后，与柱销孔接触。弹性胶圈与联接销间应有过盈，弹性胶圈与半联轴器的柱销孔间应有间隙，弹性胶圈的外径应大小一致，联接销螺母下应垫上弹簧垫圈3。装配后，两轴的同轴度允差应符合表12-3的规定，其端面间隙应符合表12-4的规定。这种联轴器可允许所联接的轴线间略有偏差，并能在传动时减轻振动和冲击，但由于弹性胶圈易损坏、磨损，故寿命较短。

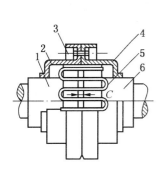

1—减速器轴端；2、4—弹簧罩；
3—螺栓；5—弹簧；6—电动机轴端

图12-23　蛇形弹簧联轴器

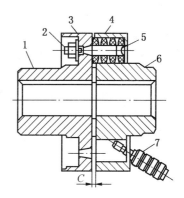

1、6—两半联轴器；2—六角螺帽；3—垫圈；4—弹性
胶圈；5—联接销；7—带弹性胶圈锥形联接销

图12-24　弹性圆柱销联轴器

表12-5　蛇形弹簧联轴器的轴端间隙　　　　　　　　mm

联轴器外径	120~280	280~430	475~1030	1050~1800	1800~3600
联轴器轴端间隙	1.0	1.5	2.0	3.0	5.0

二、联轴器与轴的装配方法

联轴器与轴的装配多数为过盈配合，装配后，由于孔被胀大，轴被压小，因而材料发

生弹性变形，在配合面上产生一定的正压力（弹力），工作时靠与此正压力相伴随的摩擦力来传递扭矩和轴向力。过盈配合具有结构简单、定心性好、承载能力大的优点，但配合面加工精度低，装配不方便。过盈配合的装配方法有压入装配和温差装配，温差装配又可分热套装配、冷缩装配和热套－冷缩装配。

1. 压入装配法

压入装配法是指在常温下使用压力机来压入配合件的装配方法，适用于过盈较小的配合。在成批大量生产中，为使装配迅速、方便，通常用压力机来进行；在安装现场，如果缺乏压力机，对小型配合件可以用抓子或螺旋拉杆来进行装配，也可利用枕木锤击的方法来进行装配。

压入装配时应注意以下事项：

（1）为了便于装配，轴与孔的进入端应加工成一定的倒角。

（2）为了减少压入阻力，配合表面应涂以润滑油。

（3）配合表面应具有足够的光洁度（V6 以上），对于韧性材料更应如此。

（4）压入时应使压入力的作用线与配合件的中心线一致；

（5）压入力要均匀，压入过程保持连续，压入速度要适当（一般为 2 ~ 4 mm/s），并需准确控制压入行程。

（6）压入前，应对配合的轴和孔进行测量，估算出实测过盈是否符合图纸要求。

2. 温差装配法

温差装配法就是利用金属材料的热胀冷缩特性，对孔进行加热，或对轴进行冷却，使之产生必要的装配间隙，把孔套入轴中，待温度恢复到常温时，孔将轴紧紧抱住，其间产生很大的联接强度的装配方法，它适用于过盈较大的配合。用温差法装配的零件比压入法装配的零件联接强度大得多，且温差法装配的零件表面不必具有很高的光洁度。

1）热套装配法

在安装现场，广泛采用热套装配法来装配过盈配合件。因为这种方法比较简单、好操作，而且质量可靠。

（1）加热温度计算。热套装配时的最低加热温度可按下述公式计算：

$$T_0 = \frac{\delta_{max} - \delta_0}{ad} + t_0 \qquad (12-1)$$

式中　　　T_0——理论加热温度，℃；

δ_{max}——实测最大过盈量，mm；

δ_0——装配所需的最小间隙，一般取基本尺寸间隙配合$\left(\frac{H7}{g6}\right)$的小间隙，mm；

a——被加热件的线膨胀系数，1/℃；

d——被加热件的直径，mm；

t_0——套装时环境温度，℃。

【例】某联轴器与轴为过盈配合，今欲进行热套装配。已知，联轴器与轴配合尺寸为 100 mm，实测最大过盈量为 0.15 mm，其膨胀系数为 0.000012，环境温度为 20 ℃，试求套装时加热温度是多少？

解：根据《公差与配合》，$\phi100\left(\frac{H7}{g6}\right)$的最小间隙 $\delta_0 = 0.012$mm，将已知数据代入式

（12－1），则有

$$T_0 = \frac{\delta_{\min} - \delta_0}{ad} + t_0$$

$$= \frac{0.15 + 0.012}{0.000012 \times 100} + 20$$

$$= 135 + 20$$

$$= 155（℃）$$

按上述方法计算出来的理论加热温度，一般都不易保证套装时所需的实际温度，实际加热温度应比上述计算出来的理论加热温度高出25%～50%，即实际加热温度 $T = T_0 \left(\frac{25 \sim 50}{100} + 1 \right) = 193.75\ ℃ \sim 232.50\ ℃$。

但必须注意：孔件加热温度不能超过300 ℃，如果零件表面不允许氧化时，加热温度不得超过250 ℃。

（2）加热方法。热套装配常用的加热方法有油溶加热法和炉子加热法。

①油溶加热法是将中小型零件放入机油内加热。此种方法加热均匀，加热温度容易控制，但加热温度不能超过机油闪点。如果零件所需加热温度比机油闪点高，就不能用此种方法。用机油加热时，不要让零件直接接触到油槽槽底，应在油槽内放一铁丝网，悬挂于油槽壁上（图12－25），零件放在网内，这样可以避免零件跟油槽底接触的

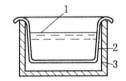

1—油面；2—铁丝网；3—油槽
图12－25 加热零件的油槽

一面产生局部过热。零件在机油内加热保温时间，与机油温度、零件体积 V 与表面积 F 之比有关。其保温时间可按表12－6确定。零件装入时，动作要迅速，并事先准备好找正及装配时用的工具。找正后一经装入，要一下装到预定位置，不能在半途停留。因孔件温度传至主轴件上，很快会胀紧，再拆就困难了。

表12－6 零件在机油内加热的保温时间

油的温度/℃	100			200			300		
$\dfrac{V（体积）}{F（表面积）}$	0.5	1	1.5	0.5	1	1.5	0.5	1	1.5
加热时间/min	14	23	32	11	18	24	8	14	19

②炉子加热法结构简单，成本低，而且加热速度快，故一般联轴器的热套装配大多采用此法。现以矿山设备常用的齿轮联轴器为例，说明炉子加热法，如图12－26所示。

先将煤炭2点火燃烧，当煤烟烧尽煤焦呈红火时，停止吹风机7，再将齿轮联轴器9放在火焰隔离架3上。此时将长把内卡钳两脚间的距离调整到齿轮联轴器孔径膨胀所要求的尺寸，然后间断的开动吹风机扩大火焰，在加热炉上边放上铁板，对联轴器加热，并要随时观察，当其表面呈紫蓝色时，用长把内卡钳测量联轴器的孔径，要求卡钳能在孔径全长上通过，检查时停止吹风机。吊装时用两个长吊环拧在齿轮联轴器9的螺孔中取出，迅速地套装在轴上，要一下装到预定位置，不能中途停留。

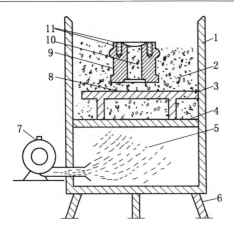

1—钢板制成炉体；2—煤炭；3、8—火焰隔离架；
4—炉箅子；5—风源；6—加热炉支架；7—吹风机；
9—齿轮联轴器；10—火焰；11—安吊环用螺孔
图 12-26　用炉子加热联轴器示意图

2）冷缩装配法

如果配合过盈量很大，单靠加热孔件温度会过高，易使材料变形，降低表面硬度。此时，可把轴件冷却收缩。冷却的方法可用冰箱、低温箱、液氢槽等。其中液氮槽可冷至 −195 ℃；低温箱最低可冷至 −140 ℃。

三、联轴器的找正

联轴器的安装，主要是精确地找正对中，保证两轴的同轴度，否则将会在联轴器和轴中引起很大的应力，严重时会影响轴、轴承和其他零件的正常运转，因此联轴器的找正是设备安装中一个很重要的环节。联轴器找正是设备找平找正的一个特例，即通过联轴器的找正进行设备位置的调整。

1. 联轴器同轴度的检测

所谓同轴是指两根轴的轴线应在一条直线上。在设备安装中，同轴度误差常用径向位移和倾斜（图 12-27）两个数值表示，径向位移是线性值，倾斜则是角度值。由于联轴器在安装时可能同时存在径向位移和倾斜，因此，在检测时必须同时检测联轴器的径向和端面跳动。

检测联轴器同轴度的方法有以下两种：

1）直接测量法

对于同轴度要求不高的联轴器可采用直接测量法，如图 12-28 所示。

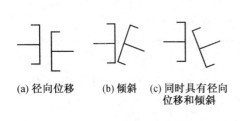

(a) 径向位移　　(b) 倾斜　　(c) 同时具有径向
　　　　　　　　　　　　　　　位移和倾斜

图 12-27　联轴器同轴宽误差

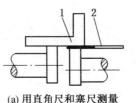

(a) 用直角尺和塞尺测量　　(b) 用垫板和楔形塞尺测量

1—直角尺；2—塞尺；3—垫板；4—楔形塞尺

图 12-28　联轴器同轴度直接测量法

2）使用找正工具测量法

使用找正工具测量联轴器同轴度是普遍采用的一种找正方法。如图 12-29 所示，把百分表装在自制的找正架上，观察百分表的读数，能同时测得两个半联轴器的径向间隙 a 和轴的间隙 s，故此法读数精确，它适用于需要精确找正中心的精密和高速的机构设备。

使用找正工具应注意：找正架必须具有足够的刚度；找正架必须牢固地固定在联轴器上，即各部的螺栓要拧紧；当需要移动或敲打设备时，应将百分表抬起，以防百分表损坏。

测量联轴器的同轴度误差，应在联轴器端面和圆周上均匀布置 4 个位置，即 0°、90°、180°、270°进行测量，其测量方法如下：

（1）将半联轴器 A 和 B 暂时相互联接，在圆周上划出对准线（图 12 – 29 P 和 Q 两线）。

（2）将半联轴器 A 和 B 一起转动（即对准线 P 和 Q 不允许产生相对位移），在 0°、90°、180°、270°四个位置上各测量一次径向间隙 a 及轴向间隙 s 的数值（注意：应将百分表的读数换算成间隙值），并记录成图 12 – 30 所示的形式。

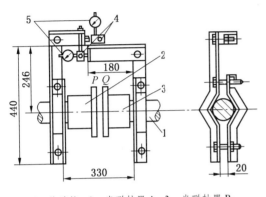

1—传动轴；2—半联轴器 A；3—半联轴器 B；
4—元宝螺母；5—百分表

图 12 – 29 使用找正工具测量法

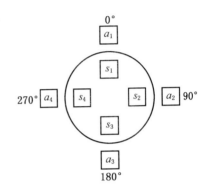

图 12 – 30 测量记录图

（3）对测出的数值进行复核。复核的方法是：将联轴器再向前转动，核对各位置的测量数值，不应有变动。所测数值的正确性，可用以下两个恒等式加以判别：

$$a_1 + a_3 = a_2 + a_4$$
$$s_1 + s_3 = s_2 + s_4$$

如将所测数值代入恒等式后不等，而有较大的偏差（大于 0.02 mm），即可判断出在测量时有差错。发生差错的原因可能是找正架安装固定不牢，百分表固定不牢，发生轴向窜动，测量读数不准确等。为此，必须查明原因，消除后重新测量，直到合乎要求为止。

2. 联轴器的找正

联轴器的径向和轴向间隙测定后，即可根据偏差情况，对联轴器进行找正。找正时，一般先将从动机（通常是主机）找正，然后以从动机为基准，找正主动机。联轴器的找正可按初步找正与精确找正两步进行。

1）联轴器的初步找正

联轴器初步找正时，两轴不必转动，以角尺的一边紧靠在两半联轴器的外面表面上，接上、下、左、右的次序进行检查，直至两处圆平齐为止。此时只意味着联轴器的外面轴线同轴，并不说明所联接的两轴同轴。

2）联轴器的精确找正

在联轴器初步找正之后，即可根据所测联轴器的记录数据，进行精确找正。在找正时，最好先使两半联轴器轴线平行，再使两半联轴器轴线同轴。为了准确快速进行调整，应先作如下计算，以确定在主动机支脚下应加上或应减去的垫片厚度。

现在以同时具有径向位移和倾斜的情况为例，说明联轴器找正时的计算方法。

如图 12-31 所示，Ⅰ 为从动机轴，已找正。Ⅱ 为主动机轴，已知主动机两支脚（1和2）的距离为 L（2400 mm），支点 1 到联轴器测量平面之间的距离为 l（400 mm），联轴器的计算直径为 D（300 mm）。找正时所测得的径向间隙和轴向间隙如图 12-32 所示。现要在主动机轴 Ⅱ 两支脚下调整垫片厚度，来找正联轴器。先画出找正计算图（图 12-31），再按下述步骤进行。

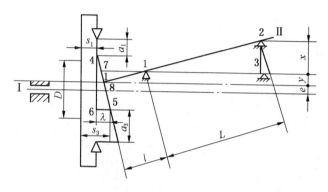

图 12-31　联轴器找正计算分解图

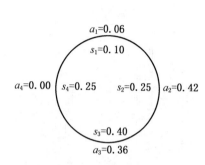

图 12-32　间隙测量记录图

（1）调整两半联轴器平行。欲使两半联轴器平行，必须从主动机的支脚 2 下减去厚度为 x（mm）的垫片。

因为

$$\triangle 123 \backsim \triangle 456$$

所以

$$\frac{x}{L} = \frac{\lambda}{D}$$

故得

$$x = \frac{\lambda}{D} L$$

式中　λ——为在 0° 与 180° 两个位置上测得轴向间隙的差值，mm；

D——联轴器的计算直径，mm；

L——主动机纵向两支脚间的距离，mm。

但由于支脚 2 降低了，而支脚 1 没有降低，因此轴 Ⅱ 上的半联轴器的中心却升高 y（mm）。

因为

$$\triangle 123 \backsim \triangle 178$$

所以

$$\frac{y}{l} = \frac{x}{L}$$

故得

$$y = \frac{x}{L} l$$

式中　l——支脚 1 到半联轴器测量平面之间的距离，mm。

（2）调整两联轴器同心。由于 $a_1 < a_3$，故原有的径向位移为

$$e = \frac{a_3 - a_1}{2}$$

根据上述分析和计算，为了使两半联轴器同轴，则必须在支脚 1 底下减去厚度为(y +

e) mm 的垫片，在支脚 2 底下减去厚度为 ($x + y + e$) mm 的垫片。

本例：$x = \dfrac{\lambda}{D}L = \dfrac{s_3 - s_1}{D}L = \dfrac{0.40 - 0.10}{300} \times 2400 = \dfrac{0.3}{300} \times 2400 = 2.4(\text{mm})$

$$y = \dfrac{x}{L}l = \dfrac{2.4}{2400} \times 400 = 0.4(\text{mm})$$

$$e = \dfrac{a_3 - a_1}{2} = \dfrac{0.36 - 0.06}{2} = 0.15(\text{mm})$$

所以，在支脚 1 底下应减去的厚度为

$$y + e = 0.4 + 0.15 = 0.55(\text{mm})$$

在支脚 2 底下应减少的厚度为

$$x + y + e = 2.4 + 0.4 + 0.15 = 2.95(\text{mm})$$

在垂直方向调整完后，用同样方法来调整水平的偏移。

全部径向和轴向间隙调整好后，必须满足下列条件：

$$a_1 = a_2 = a_3 = a_4$$
$$s_1 = s_2 = s_3 = s_4$$

此时表明主动机轴与从动机轴的中心线在一条直线上。

当以从动机为基准找正主动机，在各种偏移情况下，主动机支脚下应加上或减去的垫片厚度的计算公式，见表 12-7。

表 12-7　联轴器找正时垫片厚度的计算公式一览表

偏 移 情 况	主动机支脚 1	主动机支脚 2
$s_1 = s_2$, $a_1 > a_3$	加 $e = (a_1 - a_3)/2$	加 $e = (a_1 - a_3)/2$
$s_1 = s_3$, $a_1 < a_3$	减 $e = (a_3 - a_1)/2$	减 $e = (a_3 - a_1)/2$
$s_1 > s_3$, $a_1 = a_3$	加 y	加 $(x + y)$
$s_1 < s_3$, $a_1 = a_3$	减 y	减 $(x + y)$
$s_1 > s_2$, $a_1 > a_3$	加 $(y + e)$	加 $(x + y + e)$
$s_1 > s_3$, $a_1 < a_3$	加 $(y - e)$	加 $(x + y - e)$
$s_1 > s_3$, $a_1 < a_3$	减 $(y + e)$	减 $(x + y + e)$
$s_1 < s_3$, $a_1 > a_3$	减 $(y - e)$	减 $(x + y - e)$

第六部分

高级煤矿机械安装工技能要求

第十三章　煤矿排水设备的安装

第一节　概　　述

一、排水设备在煤矿的应用

由于矿区位置、地形、水文地质及气候的不同，在煤矿建设生产过程中经常有大量的地下水涌出来。为了保证井下工作人员和生产的安全，无论竖井、斜井、平硐或露天煤矿都必须设置适当的排水设备，它的任务是把不断涌入矿井的水排出地面。

二、排水设备的组成及工作原理

排水设备主要由水泵、电动机、管路及其附件和仪表等组成，如图 13－1 所示。水泵
8 为多级离心式水泵，其入口端连接吸水管 9，出口端连排水管 5。开动前泵内先灌满水，为了使灌的水不致漏入水仓中，在吸水管的滤水器 1 上方设有底阀 2。启动时，电功机 3 带动水泵的工作轮转动，泵内的水因离心力的作用，由工作轮内中心流向外缘，同时产生压力，当电动机达到正常转数时，水泵内的水便经过排水管，被排至高处。此时，在工作轮内缘中心和吸水管中造成真空，因此水仓中的水在大气压的作用下，经滤水器 1、底阀 2、吸水管 9 排出，从而实现离心泵连续吸水和排水动作。为了防止水泵工作突然停止，排水管的水突然回流冲击水泵，在排水管 5 上装有止回阀 6。

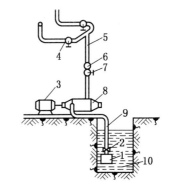

1—滤水器；2—底阀；3—电动机；4—闸阀；
5—排水管；6—止回阀；7—节阀；8—水泵；
9—吸水管；10—水仓

图 13－1　矿山排水示意图

水泵房一般位于井底车场附近，如图 13－2 所示的位置。水泵房 3 与井下中央变电所 4 同设在一个硐室中。为了水泵检修及安装方便在泵房中设有运输轨道，水仓 5 设在泵房下面，储水量为井下一昼夜的涌水量。在泵房及井筒中部设有两条排水管路并使每台水泵能用其中任何一条。

三、水泵的结构组成

目前我国煤矿使用水泵有离心式、往复式及射流式水泵等几种。本章重点介绍 D 型离心式水泵及其附属配件和吸、排水管路的安装工艺，并简要介绍离心式水泵的结构原理

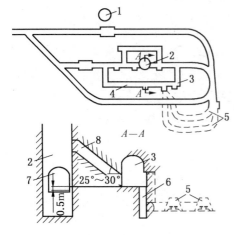

1—主井井筒；2—副井井筒；3—水泵房；
4—井下中央变电所；5—水仓；6—水井；
7—井底车场；8—井筒与泵房管道连接斜巷
图 13 - 2　立井井底车场与水泵房位置

和性能。

1. D 型离心式水泵的结构组成

如图 13 - 3 所示为 D 型离心式水泵的结构图。该泵吸水口位于进水段上，成水平方向，排水口在排水段上，成垂直方向。该泵主要零件有进水段 1、叶轮 11、大口环 2、导叶 3、返水圈 4、出水段 5、平衡盘 6、平衡盘衬环 7、盘根 8、压盖 9、水封环 10、中间段 12、放气孔 13、轴承 14、联轴器 15、水封管 16、轴套 17、尾盖 18、导叶套 19、拉紧螺栓 20 等组成。

（1）进水段、中间段和出水段均用铸铁制成，共同形成水泵的工作室，它们用拉紧螺栓紧固为一体，结合面上垫有一层青壳纸垫，以保证良好的密封性能。进水段把水引入第一级叶轮，中间段借助于固定在中间段上的导叶把前一级叶轮排出的水引入下一级叶轮的进口，出水段的最末一级叶轮排出的水通过出水段流道，然后引上排水口。在进水段和出水段的法兰盘上均有安装真空表和压力表的螺孔。进水段、中间段和出水段上方都设有放水用的螺孔。

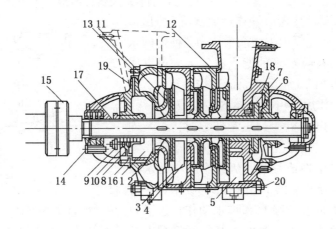

1—进水段；2—大口环；3—导叶；4—返水圈；5—出水段；6—平衡盘；7—平衡盘衬环；
8—盘根；9—压盖；10—水封环；11—叶轮；12—中间段；13—放气孔；14—轴承；
15—联轴器；16—水封管；17—轴套；18—尾盖；19—导叶套；20—拉紧螺栓
图 13 - 3　D 型离心式水泵结构图

（2）叶轮由铸铁制成，用键固定在泵轴上。泵轴用 54 号优质碳素结构钢锻制加工而成，泵轴的两端由两个滑动轴承支承，在吸水侧的泵轴一端通过联轴器与电动机直接连接。

（3）导叶用铸铁制成，分别用螺钉固定在中间段和出水段上。导叶与中间段形成一个散形流道，使压力水的大部分动能转变为压力能。

（4）大口环用铸铁制成，与叶轮口形成环状小间隙，防止大量高压水漏回进水流道。

（5）平衡盘用耐磨铸铁制成，用键固定在泵轴上，位于排水段和尾盖之间。平衡盘衬环用铸铜制成，固定在排水段上。平衡盘、平衡盘衬环共同组成水力平衡装置，用来平衡由于水轮前后轮盘受力不均而产生的轴向推力。

（6）轴套用铸铁制成，位于填料室处，用以固定水轮位置和保护泵轴。

（7）轴承为镶有巴氏合金衬层的滑动轴承，借助于油环自行带油润滑。轴承体侧面有油标孔，可观察轴承体出轴位，上部有加油孔，下部有放油孔。

（8）盘根起密封作用，防止空气从吸水侧进入及大量的水从排水侧渗出。盘根密封装置由填料室、填料、填料压盖，填料环等组成。少量高压水通过水封管及填料环进入填料室中，起水封、冷却和润滑作用。水封管从第二级中段引水。

（9）回水管把平衡盘与平衡盘衬环之间形成的平衡室与进水段连通起来，起卸压作用，使平衡盘两侧产生压力差，从而平衡由叶轮产生的轴向推力。

2. D 型离心式水泵的技术性能（表 13 - 1）

表 13 - 1　D 型离心式水泵的技术性能

项　　目	技术规格	项　　目	技术规格
流量/（m³·h⁻¹）	12.6 ~ 485	效率/%	55 ~ 80
扬程/m	19.0 ~ 645	叶轮直径/mm	94 ~ 450
允许吸上真空高度/m	4.5 ~ 7.2	级数	2 ~ 10
转数/（r·min⁻¹）	2950 ~ 1480	口径/mm	50 ~ 250
电动机功率/kW	2.2 ~ 1050		

例如 200D - 43×3 型水泵的型号意义是：200—吸水口直径为 200 mm；D—单吸多级分段离心式清水泵；43×3—单级扬程为 43 m，级数为 3。

第二节　排水设备的安装程序

排水设备安装程序（以 D 型离心式水泵安装于井下中央水泵房为例）见表 13 - 2。

表 13 - 2　排水设备安装程序表

1	水泵基础硐室工程	由矿建施工队承担，按设计要求完成下列基础工程： 1. 水泵房硐室、砌碹、喷浆 2. 水泵基础 3. 水仓及吸水井工程 4. 排水管路斜巷工程

表 13 - 2（续）

2	水泵基础检查验收	1. 埋设标高点和固定中心线线架。按水泵房巷道腰线测出中心线和标高点 2. 挂上中心线，按中心线标高点检查验收基础标高、基础孔位置
3	垫铁布置	1. 按实测的基础标高，对比设计标高，计算出应垫的垫铁厚度，按质量标准规定摆放垫铁 2. 用普通水平尺对垫铁进行找平找正，并铲好垫铁窝及地基基础的麻面
4	设备的开箱检查	1. 按装箱单和设计说明书，清查设备及零部件的完好情况和数量 2. 清洗机械及零部件表面的防腐剂
5	零部件加工	按施工的设计图纸及实际需用数量安排下列零部件加工： 1. 吸水管路 2. 排水管路 3. 各种法兰盘 4. 水仓箅子 5. 吸水井操作架及平台
6	水泵预安装	1. 为了给井下安装创造良好条件，在井上对水泵及电动机进行一次全面细致的预装工作 2. 在预装中发现的问题，要在井上全部处理
7	水泵运搬	1. 按井下泵房的位置，排好运搬顺序，将水泵装在平板车上依顺序运至井下泵房或备用巷道中 2. 运搬时将其他零部件装箱同时运至泵房中
8	水泵整体吊装	1. 按施工图纸位置和顺序，采用合适的起吊工具，将水泵整体吊放在基础垫铁平面上 2. 穿好地脚螺栓，并带好螺帽
9	水泵整体安装	1. 挂上纵向、横向中心线，下垂线坠进行找正 2. 按基准标高点，用水准仪进行找平 3. 找平找正合格后即可进行二次灌浆
10	吸水管路安装	1. 按施工图纸将各台水泵的吸水管、底阀与水泵的吸水口进行连接 2. 安装吸水井的平台、操作架和阀门
11	排水管路安装	1. 安装各台水泵的排水短管、闸板阀、逆止阀、三通管、旁通管 2. 安装排水主干管及托架（包括斜巷排水管）
12	水仓零部件安装	1. 安装水仓箅子、水仓闸门 2. 安装闸门关闭操纵架及平台
13	水泵的附属部件安装	1. 安装压力表 2. 安装真空表
14	水泵试运转工作	1. 检查各闸门动作是否灵活 2. 按规定时间对水泵进行负荷试运
15	设备粉刷工作	1. 对设备进行粉刷、涂油漆工作 2. 对管路涂油漆
16	移交生产使用	1. 将水泵房进行清扫 2. 整理好各种技术资料 3. 办理移交手续

第三节　离心式水泵的预安装

为保证水泵在井下安装的顺利进行，防止因井下条件限制出现难以解决的问题，而造成往返搬运，目前对井下水泵安装工作，都采用在井上工作间进行预安装。

一、水泵预安装准备工作

选择适当的工作间，准备好起吊工具及设备，备齐拆卸、装配、检查的各种工具、量具及消耗材料（棉纱、油脂、青壳纸、橡胶石棉板、铅油等）。拆卸、装配时最好在大平板上或自带的机座上进行。

1. 水泵的拆卸工作

1）拆卸程序（图 13 – 3）

（1）用管钳子取下水封管、回水管（平衡水管）和注水漏斗。

（2）用退卸器取下联轴器。

（3）用扳手拧下轴承体与进水段和尾盖的联接螺栓，沿轴向分别取下两端的轴承体。

（4）用扳手拧下前段和尾盖的填料压盖螺母，分别沿轴向取下填料压盖，然后用钩子钩出填料室中的盘根和水封环。

（5）用大扳手拧下拉紧螺栓的螺母，抽出联接进水段、中间段、出水段的四根拉紧螺栓。

（6）用大扳手拧下尾盖与出水段的联接螺栓，然后用扁铲或特制的钢楔插在联接缝内轻轻地将尾盖挤松，沿轴向将尾盖取下。

（7）拆卸平衡盘时，用螺钉通过螺孔将平衡盘顶出，取下轴键。并在水轮与轴配合面间注煤油浸泡。

（8）用扁铲或特制的钢楔插在出水段与中间段联接缝内（要对称放置），挤松后取下出水段，再由出水段取下导叶及平衡盘衬环。

（9）用小撬棍撬叶轮，注意用力要对称并尽量靠近叶轮，以防撬坏叶轮。用特制钢楔在中间段与中间段之间的联接缝内，挤松并取下中间段，再由中间段上取下密封环（大口环）和导叶，再取下导叶套，并将键取出。

（10）以后的中间段、导叶套、叶轮、键的拆卸按上述方法进行，直至拆下第一进水轮为止。

（11）第一个进水轮取下后，沿出水方向将泵轴从进水段中抽出，由泵轴上取下轴套，再由进水段上取下大口环。

2）水泵拆卸时注意事项

（1）在解体泵体、进水段、中间段和出水段前，要对进水段和出水段按照装配位置进行编号，以便于拆卸后按顺序位置装配，编号可采用打钢印号码或用铅油写标记等方法进行。

（2）要将拆卸下来的各种零部件及各种螺栓等用配件箱分类，按顺序将其保管起来，防止丢失。

（3）拆卸时要注意泵轴螺纹旋向。

（4）如厂家生产的水泵，中间段不带支座，拆卸时两侧要用木楔楔住，防上中间段脱离止口时掉下来碰弯泵轴。

（5）拆卸时为防轴弯，应设立一临时支撑架。

2. 水泵检查清洗工作

1）水泵零部件的清洗工作

水泵拆卸完毕，应将其零部件用煤油进行清洗。大件可单独进行，用毛刷蘸上煤油在表面上清洗脏物及防腐油，小件可放在煤油盆中用毛刷逐件进行清洗。清洗后用棉纱擦干净，然后涂一层润滑油，防止生锈。

2）水泵零部件检查工作

（1）水泵经由厂家搬运到施工现场后，可能产生一些变形和碰伤。因此对泵轴有无弯曲和裂纹，滑动轴承装配间隙是否合适，叶轮、出水段、各导翼和轴承套及平衡盘等有无损伤和碰坏，要边清洗边检查。

（2）经检查后发现有不合格的零部件应找厂家更换，如属于搬运中碰坏的零部件应以随设备带来的备用件更换或重新加工。

二、水泵的装配与调整

离心式水泵的预装配是一项重要工序，如装配不当，将会影响水泵的性能与寿命。装配人员必须熟悉所装配的水泵结构。装配程序和方法如下。

1. 转子部分预装配

转子部分预装配是先将轴套、水轮、导叶套、下一段水轮及导叶套依次装配至最后一段水轮，再装平衡盘和轴套，最后拧紧锁紧螺母，其目的是使转动件和静止件相应的固定。然后调整水轮间距，测量大口环内径与水轮水口外径配合间隙，导叶与导叶套配合间隙，并检查水轮、导叶套的偏心度及平衡盘的不垂直度。检查调整好后，对预装配零件进行编号，便于拆卸后将它们装配到相应的位置上。

1）水轮间距测量与调整

水轮间距按图纸要求应相等，但在制造时有误差，一般不应超过或小于规定尺寸1 mm。以每个中间段厚度为准，采取取长补短方法达到相等。水轮间距的测量可用游标卡尺，其间距—中间段泵片厚度 = 水轮轮厚度 + 导叶套长度。间距的调整方法是加长或缩短导叶套长度（即间距大时切短导叶套长度，间距小时加垫）。

2）测量与计算密封环内径与水轮入水口外径、导叶内径与叶轮套外径、窜水套内径与平衡盘尾套外径的间隙

（1）测量方法。用千分尺或游标卡尺，测量每个水轮入水口外径、叶轮套外径、平衡盘尾套外径，相应地测量进水段密封环内径、每个中间段密封环内径、导叶内径、出水段上窜水套内径，每个零件的测量要对称地测两次，取其平均值，然后计算出实际间距，不合格的要进行调整或更换。

（2）调整方法。①大口环与水轮间隙小，应车削水轮入水口外径或车入口环内径，间隙大则重新配制大口环；②导叶间隙不符合要求，应更换导叶套；③平衡盘尾套间隙小，应车削平衡盘尾套外径，间隙大应重新配制平衡盘尾套。

3）检查偏心度及平衡盘的不垂直度

偏心度太大会使水泵转子在运转中产生震动，使泵轴弯曲和水轮入口外径磨损，叶轮磨偏。平衡盘不垂直，在运转中会使平衡盘磨偏。

（1）偏心度检查方法。在调整好水轮间距及各个间隙后，将装配好的转子固定在车床上或将轴承装在转子轴上，再放入"V"形铁上，用于千分表测量。将千分表触头接触测件，将轴旋转一圈，千分表最大读数与最小读数差之半即为偏心度。①逐个检查轴套、叶轮、平衡盘，一般情况下轴套、叶轮的偏心度不超过 0.1 mm，平衡盘的偏心度不超过 0.05 mm。②逐个检查水轮入水口外径，其偏心度一般不超过 0.08 ~ 0.14 mm。

（2）平衡盘垂度检查。将千分表触头置于平衡盘端面上，将轴转一圈，千分表指针的最大值与最小值之差，即为不垂直度。平衡盘与轴的不垂直度在 100 mm 长度内不大于 0.05 mm。

偏心度和垂直度不合格时要更换和修整。

2. 泵体预装配

当转子及泵体的各部件检查、调整完毕后，按顺序拆出转子部分的各部件，并进行清洗。按装配程序（与拆卸相反）进行泵体预装配。先将轴承体及进水段装在机座上用螺栓紧固。将泵轴插入进水段轴孔中，并装上水轮。依次装配各中间段导叶、大口环、水轮、导叶套等。最后装上排水段、平衡盘、平衡盘衬环，轴承体，并拧紧拉紧螺栓和泵体及机座联接螺栓。在装平衡盘之前，应先量取轴的总窜动量，并应保证平衡盘与平衡盘衬环之间的间隙为 0.5 ~ 1 mm（其间隙是平衡盘正常运转时的工作位置）。量取方法如下：

（1）先将轴左移到头，在轴上做一记号，然后将轴右移到头，在轴上再做一记号。左右移动时所做的记号间距即为轴的轴向总窜动量。随之在两记号中间划一标记，作为轴的正常工作位置。

（2）在量取轴的总窜动量之后，以平衡盘紧靠平衡盘衬环为基准，轴向右移动窜动量为轴总窜动量/2 + (0.5 ~ 1) mm。在调整中发现平衡盘与平衡盘衬环之间距超过规定值时，用改变平衡盘长度方法进行调整。

当水泵体预装配完毕后，将其整体固定在泵座上。然后用冷装方法，将水泵端半联轴器装配好。

三、水泵与电动机预装配

1. 电动机半联轴器的装配

按冷装方法，在电动机轴端将半联轴器进行冷装。

2. 电动机的吊放

（1）在水泵预装配的工作间，按规定选择适当的起重工具和设备将电动机吊放在水泵的机座一侧，对准机座孔，拧上联接螺栓（不要拧紧）。

（2）电动机与水泵找平找正：用精制的小钢板尺紧靠两联轴器的径向面，以水泵轴的半联轴器为基准检查电动机轴半联轴器的四周（检查上、下、左、右四个点处的同心度），如电动机低于水泵时，在电动机与机座的接口处，在联接螺栓附近加上薄铁片调整到合适为止。随之，用塞尺检查两联轴器的倾斜度和端面间隙，经检查如不符合标准时，用移动电动机或在电动机与机座接口处加、减薄铁垫的方法进行调整，直到达到质量标准为止，然后拧紧联接螺栓。

第四节　水泵及电动机的整体安装

一、垫铁高度的确定

1. 高度尺寸的确定方法

高度的确定主要以水泵房的巷道腰线标高点为基准（图 13-4）。巷道腰线标高点距

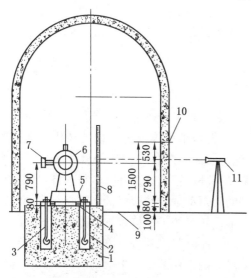

水泵房地面尺寸为 1500 mm，水泵基础平面与泵房地面距离为 100 mm，水泵吸水口中心与腰线标高点距离为 530 mm，水泵中心点与水泵机座距离为 790 mm。按上述综合尺寸由巷道腰线至地面尺寸计算垫铁高度为 1500-（530 + 790 + 100）= 80 mm。

2. 高度尺寸的测量方法

在水泵基础平面上，放测量用塔尺，而后用水准仪测其读数，将测量出的读数与巷道腰线标高点的标高尺寸相比较，即得出应垫铁的高度尺寸。

泵房中安装两台以上水泵时，其标高应一致。规定多台水泵的水平误差不应超过 5 mm，主要是防止吸排水管无法联接。

3. 垫铁的布置

根据水泵基础的设计图，按质量标准规定进行布置及找平找正。

1—基础；2—基础孔；3—基础螺栓；4—垫铁高度；
5—泵座；6—水泵；7—水泵吸口中心；8—测量塔尺；
9—水泵房地面；10—腰线标高点；11—水准仪
图 13-4　水泵房基础标高点测量示意图

二、水泵的整体吊装

吊装前将水泵机座的基础螺栓放在基础孔中。在安装用起重梁上设置 φ24 mm 的钢绳套，再挂 5 t 链起重机将水泵及电动机和机座整体吊放在水泵基础的垫铁平面上，随之，要把基础螺栓穿好，其螺母应露出 1~5 个螺距（水泵及机座的整体质量按 5 t 计算）。

水泵整体吊装就位后，拆除起重工具，将机座下面的垫铁按应放置的位置垫平、垫实。垫铁露出机座尺寸为 20~30 mm。

三、水泵及电动机整体找平找正

1. 整体找平

按应安装的水泵台数，将各台水泵分别吊放到各台基础垫铁平面上，具体找平工艺过程是：用水准仪测量水泵的纵向水平度，测视方法是在泵座的加工平面上放上 1 m 长带刻度的钢板尺。由测量人员用水准仪测量，将测出的读数与水泵房巷道腰线标高点进行对比（图 13-5），如标高不合标准要求，可用泵座下面所垫的斜垫铁进行调整。在水泵出水口法兰盘的加工平面上用精密方水平尺对泵轴的横向水平度进行找平。对泵轴的纵横水平度

的找平工作要同时进行，因纵、横向的水平误差调整均由泵座下面垫铁进行，调整方法是用加高或下降斜垫铁达到合适为止。

2. 整体找平时的测量方法（图 13 – 5）

（1）腰线标高点到泵座上平面尺寸为 1070 mm。

（2）泵座上面测量的读数为 750.5 mm。

（3）腰线标高测量的读数为 320 mm。

计算高度为 1070 – （750.5 + 320）= 1070 – 1070.5 = – 0.5 mm，按测出的 – 0.5 mm 的读数计算对比，泵座应加高 0.5 mm。

3. 整体找正

先在水泵及电动机轴两端处划出轴心点（图 13 – 6 中 A 点和 B 点），按水泵轴安装基准中心线，进行找正。如位置不合适时，用撬棍移动泵座，直到合适时为止。

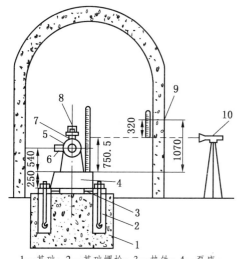

1—基础；2—基础螺栓；3—垫铁；4—泵座；
5—水泵；6—吸水口；7—出水口；8—方水
平尺；9—腰线标高点；10—水准仪

图 13 – 5　水泵整体安装找平测量示意图

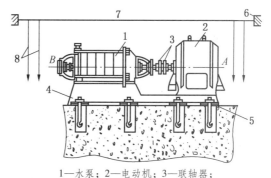

1—水泵；2—电动机；3—联轴器；
4—泵座；5—垫铁；6—线架；
7—水泵轴安装基准线；8—线坠

图 13 – 6　水泵及电动机整体安装找正示意图

经过对泵体反复找平找正，其纵向和横向水平度，电动机及水泵的同轴度都达到规定允许值时，可对泵座与基础的空隙部分，进行二次灌浆，经养护后可将基础螺栓拧紧。

第五节　管路安装

在矿井中，水泵通常都安装在井下中央水泵房内。安装台数按矿井地下涌水量确定，但一般不少于二台（一台运转、一台备用）。如图 13 – 7 所示为安装二台水泵、二条管路的示意图。

一、泵房排水管路安装

1. 排水管托架安装

矿建掘进队在施工泵房时按图 13 – 8 所示的排水管路托架位置预留出硐穴。托架安装

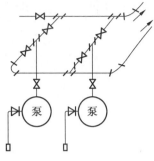

图 13 - 7　二台水泵二条
管路示意图

前由测量人员按图 13 - 8 所示的托架标高尺寸和位置，用水准仪测出标高线，用钢卷尺量出位置距离尺寸的垂直线（对每个安装托架梁的碉穴给出水平及垂直的十字线以便安装支架梁时找平找正用）。为了找平找正，首先在墙壁上将每趟管路的两端托架梁先安好，如图 13 - 9 所示。其方法是将托架梁放入两端碉穴中，按已给好的标高水平和距离垂直十字线进行找平找正，用耐火砖（异型斜耐火砖）将已找正的支架梁固定并进行二次灌浆。待养护后在安装好的两端托架梁平面的槽钢孔上拉上平行位置线。其他中间的各组托架槽钢梁，均按此拉线的位置和标高逐架进行安装。注意在两端支架槽钢孔拉线绳时，一定要尽量拉直拉紧，不准出现弧度和线绳下坠的现象。

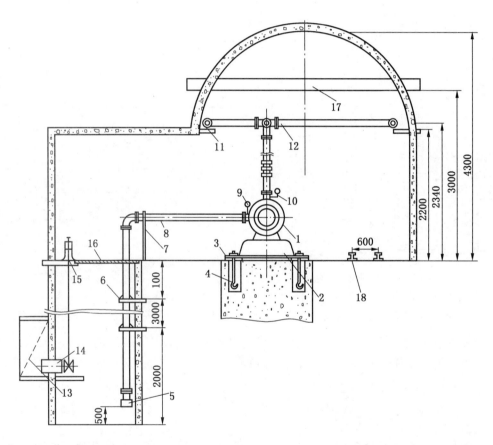

1—D 型离心式机泵；2—泵座；3—垫铁；4—基础螺栓；5—吸水底阀；6—吸水管托架；7—吸水管支承架；
8—吸水管路；9—真空表；10—压力表；11—排水管托架；12—排水管路；13—水仓算子；14—水仓闸阀；
15—水仓闸路操纵架；16—平台；17—安装用起重梁；18—水泵房设备运输铁道

图 13 - 8　矿井中央水泵房设备安装布置示意图

2. 排水管路上架

当泵房两条管路的托架梁安完并灌浆养护后，即进行管路的上架起吊工作。因管子自

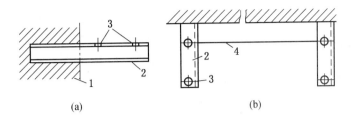

(a)　　　　　　　　　　　　　　(b)

1—水泵房墙壁；2—槽钢；3—穿"U"形卡子螺丝孔；4—平行位置线

图13-9　槽钢托架在墙壁内安装示意图

身质量较大，受泵房高度的限制，可以采用如图13-10所示特制专用起吊架，在一块长方形铁板中间割一个圆孔，孔的大小应能把链式起重机的钩子挂住即可，在铁板上焊两根具有一定角度的钢管，挂上链式起重机，将起吊架靠在墙壁上，拴好适当的绳扣，起吊管子，将其放在支架槽钢平面上。

当排水管吊放在槽钢托架上时，接管的位置用"U"形卡子将带丝扣的两头插入槽钢托架孔中，并穿好带10%斜度的垫板，拧紧螺母即可。

3. 排水管在槽钢托架上的固定方法

当排水管吊放在槽钢托架上时，按管的位置用"U"形卡子将带丝扣的两头插入槽钢托架孔中，并穿好带10%斜度的垫板，拧紧螺母即可。

4. 水泵的排水立管安装

当泵房两条排水的水平干管安装完毕后，即可进行水泵的排水立管安装。先将水泵的闸板阀、逆止阀装上后用短管与水平干管连接起来，同时将串水旁通管、压力表也装上。安装时在所有法兰盘连接处，均应放入橡胶石棉板制的垫圈。在短管与水平干管的三通管连接时，要采用活动法兰盘，以便连接。活动法兰盘的样式如图13-11所示。

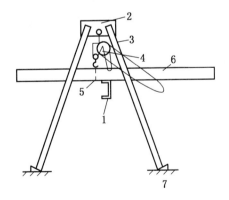

1—槽钢支架；2—铁板；3—钢管；4—链式起重机；
5—绳扣；6—排水管；7—泵房地面

图13-10　排水管上架示意图

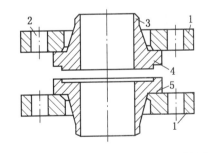

1—活动法兰盘；2—螺栓联接孔；3—钢管接头；
4—上接触盘；5—下接触盘

图13-11　活动法兰盘连接示意图

二、竖井井筒排水管路安装

1. 竖井井筒排水管路安装位置

排水管路敷设在靠近梯子间附近的位置，如图13-12所示。井深超过300m时，在

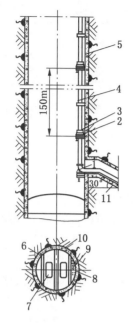

1—支座弯头；2—支管座；
3—伸缩器；4—U 形卡子；
5—竖井井筒；6—罐道梁；
7—罐笼；8—梯子间；
9—管子间；10—井壁；
11—管子斜井

图 13 - 12　竖井井筒管路
安装示意图

井筒中每隔 150 ~ 200 m 设一组固定支管座，并在其上端安装伸缩器。第一个伸缩器应装在距井口 50 m 处。装设管道导向卡子的间距为 6 ~ 10 m。泵房与井筒的排水管路是通过 30°斜巷进行连接。

2. 竖井井筒管路的安装方法

竖井井筒管路安装是一项很艰巨又很复杂得多工序、多工种联合作业的施工工作，因此要设专人指挥，施工技术措施要稳妥可靠，施工条件要准备充分，对参加施工的技术工人要进行技术交底，使每个参加施工的人员都能了解施工措施、施工方法，方能进行施工。

具体施工方法如下：

（1）施工材料准备。将安装用的排水管、联接螺栓、橡胶石棉垫圈、支座弯头、导向卡子及托梁、支管座、伸缩器等按所需数量进行加工，并运至井口附近妥善保管。所有排水管及管件都要进行水压试验，并做好记录。

（2）施工设备及工具的准备。井筒管路施工时，井筒中不能进行其他作业，因此施工用的提升机、罐笼都用原有设备。对安装时下料用的提升机要另设一台，施工用的通讯电话，井上下联系信号、凿岩用的风镐及风管、联接用的各种扳手、测量中心用的激光仪，都要按需用数量准备齐全。

（3）管座梁及托梁安装。由测量人员按要求位置将激光仪架设在井架上，将光束一直投到井底，作为安装托梁的基准线。按托梁间距尺寸，在井壁上划出硐穴开凿尺寸，由凿岩工在提升罐笼的临地平台上用风镐凿出硐穴。当托梁硐穴开凿完毕后，按照安装位置和尺寸将各架托梁找平找正，并立即灌浆。

（4）管路安装。安装工人乘提升罐笼的上层平台，由井下依顺序开始安装。先将管子支座弯头安装在管座托梁上。然后用专设的另一台提升机将管件下放到井下第一架托梁处，扶正后拧紧与托梁的联接螺栓，然后指挥上升到第二架托梁处，将管子用"U"形卡子卡好并拧紧螺栓。此时可拆掉井下管件的提升机挂钩，发出信号使吊装管件的提升机开动，将挂钩提升到井口，再吊放第二根管件。以此安装方法一直将管件安到井口。竖井井筒管路安装完毕后，按图 13 - 12 中 1 的位置开始安装斜巷中的管路，最后与泵房中的排水管路连接成一体，形成完整的排水管路。

3. 吸水管路及吸水井附件安装

（1）吸水管路安装。先将吸水管托梁及支架安装好，并进行二次灌浆。由水泵的吸水口开始安装吸水管路、联接弯头、吸水短管、吸水底阀等，并拧紧各法兰盘连接螺栓，每对法兰盘接口处都要放橡胶石棉垫圈。最后按图 13 - 8 所示的位置安装真空表。

（2）吸水井附件安装。按图 13 - 8 所示的位置分别将水仓算子，水仓闸门、闸门开闭操纵架、操纵平台等按上述方法进行安装。

第六节　离心式水泵无底阀排水装置安装

为减少吸水管路阻力损失，提高吸水高度，改善管路特性和消除底阀不开、底阀经常漏泄等故障，当前某些新建矿井的主排水设备已取消底阀，加装喷射器对水泵灌注引水，并实现了多台喷射器并联互为备用上引水系统。同时考虑了多种动力，如无高压水时，可用胶皮管引自井底车场压风管路中的压缩空气为动力，这样就可以全部取消底阀，只设过滤网，实现无底阀排水系统。如图 13 - 13 所示为离心式水泵无底阀排水示意图。

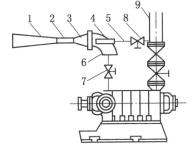

1—扩散器；2—颈口；3—混合室；
4—喷嘴；5—水源管；6—吸管；
7、8—1/2 节门；9—主排水管
图 13 - 13　离心式水泵无底阀
排水示意图

一、喷射器的结构及工作原理

喷射器将工作流体的能量直接传递给与之混合的流体。如图 13 - 13 所示，水泵主排水管 9 中的高压水，由水源管 5 经收缩式喷嘴流出时，将压力能变为速度能，使水获得很大的运动速度，从而在喷嘴的出口处形成真空。同时高速水流在混合室 3 内与室内原有流体相混合，混合流体通过颈口 2 流入扩散器 1，并由此经管道排出。在大气压力作用下，吸水井内的水沿着吸水管被压入泵内，从而实现了对水泵灌注引水的过程。喷嘴 4 的直径应保证高压水自喷嘴流出时具有一定的速度，此速度应足以产生 4～5 m 水柱的真空度。由水源管 5 转变为喷嘴时，其断面积应逐渐减小，以便降低扬程的损失。混合室 3 的尺寸应保证工作流体与吸入流体充分的混合。颈口 2 是自混合室转变为扩散器的一个过渡部分。它的尺寸应能使混合流体产生需要的速度，此速度要保证流体均匀地充满扩散器，并消除扩散器四壁形成返向流和涡流的现象。在扩散器中，混合流体的速度能部分转变为压力能，以保证喷射器能将被抽吸的流体送出。

二、无底阀排水装置安装

在主排水泵、吸水管、排水管、附件安装完毕后。按图 13 - 14 所示的位置对灌引水系统的管路和喷射器进行安装，喷射器的高压水管侧为法兰连接，低压水管侧为螺纹联接。所有管路及附件，均应做水压试验（其压力为工作压力的 1.5 倍）及防腐处理。最后将备用风源的压风管与井底车场压风管路进行连接。

三、离心式水泵无底阀启动

如图 13 - 14 所示，水泵欲启动时先将灌水阀门 10、15 打开，高压水流经喷射器的喷嘴喷出，将离心泵内空气带出，造成泵体内真空，真空表 14 指数由零开始逐步上升到 3 m 水柱时，扩散器开始出现"突突"的冲击声，当真空表继续上升到 4～5 m 水柱时，关闭灌水阀门 15，启动水泵电机观察电压、电流表，若不上水可停泵，让喷射器继续放水，抽离心泵内空气；若能上水可将灌水阀门 10 关闭，开启主排水电动闸阀 13，离心泵正常运转。停泵时，将主排水电动闸阀 13 关闭，停止离心泵电动机，然后将灌水阀门 15 打开。

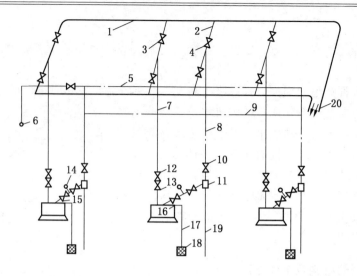

1—主排水平管（$\phi 325 \times 13$）；2—水泵灌引水高压管；3—高压阀门；4—灌引水高压阀门；

5—互用灌水管路（$\phi 33 \times 4$）；6—备用压风管；7—主排水立管（$\phi 273 \times 12$）；8—灌引水立管

（$\phi 33 \times 4$）；9—并联灌水管；10、15—灌水阀门；11—喷射器；12—逆止阀；13—电动闸阀；

14—真空表；16—主排水泵；17—吸水管（$\phi 325 \times 8$）；18—过滤网；19—跑水管；20—同排水管道连接管

图 13-14　多台喷射器并联及备用上水系统示意图

无底阀启动方法动作可靠，在 60 s 内即可启动水泵，因为无底阀减少了局部阻力损失，提高了排水量，节省了电能，减少了底阀故障排除时间。但要注意喷射器的各连接部位，必须十分严密，阀门最好选用球形阀。

第七节　水泵的试运行

一、试运行前的准备工作

运行前检查项目如下：

（1）清除泵房内一切不需要的东西。

（2）电动机检查：检查电动机的绕阻绝缘电阻，并要盘车检查电机转子转动是否灵活。

（3）检查并装好水泵两端的盘根，其盘根压盖受力不可过大，水封环应对准尾盖的来水口。

（4）滑动轴承要注入 20 号机油，注油量一定要合乎规定要求。

（5）检查闸板阀是否灵活可靠。

（6）电动机空转试验，检查电动机的旋转方向。

二、试运转

（1）装上并拧紧联轴器的联接螺栓，胶圈间隙不许大于 0.5 ~ 1.2 mm。

（2）用手盘车检查水泵与电动机能否自由转动，检查后通过注水漏斗向水泵及吸水管内灌水，灌满后关闭放气阀（没有喷射器装置时，可用其灌引水）。

（3）关闭闸板阀，启动电动机，当电动机达到额定转数时，再逐渐打开闸板阀。

（4）水泵机组运转正常标志如下：电动机运转平稳、均匀、声音正常；由出水管出来的水流量均匀，无间歇现象；当阀门开到一定程度时，出水管的压力表所指的压力，不应有较大的波动；滑动轴承的温度不应超过 60 ℃，滚动轴承温度不应超过 70 ℃；盘根和外壳不应过热，允许有一点微热，出水盘根完好，应以每分钟渗水 10 ~ 20 滴为准。

（5）试运转初期，应经常检查或更换滑动轴承油箱的油，加油量不能大于油箱高度的 2/3，但要保证能够使油圈带上油，同时要注意油环转动是否灵活。

（6）水泵停车前，先把闸板阀慢慢关闭，然后再停止电动机。水泵绝不许空转。

三、试运转时间及移交

（1）水泵试运转时间为每台泵连续排水运转 2 h 后，停车检查。而后再启动另一台水泵，排水运转时间为 2 h。交替运转，每台泵运转达到 8 h 后，经检查无异常现象，可移交给使用单位。

（2）试运转时要做好各种记录，如机体声音、轴承温度、压力、电机温度、电流、电压等，对运转时间、检查部位均要详细记载。

四、水泵试运转时常见故障原因及处理方法（表 13 - 3）

表 13 - 3　水泵试运转时常见故障原因及处理方法

序号	故障种类	故 障 原 因	排 除 方 法
1	水泵启动后只出一股水，再不上水	1. 灌水不足 2. 盘根不严密，有漏气现象 3. 底阀不灵活，有阻力顶不开	1. 重新灌满水 2. 紧盘根或更换 3. 检修
2	水泵不上水	1. 电动机旋转方向不对 2. 吸水管道长 3. 底阀漏水量太大	1. 改变方向 2. 更换适当长度的吸水管 3. 检修底阀
3	水泵出水量小于正常出水量	1. 排水高度超过允许的扬程 2. 吸水侧盘根不严密 3. 水轮或导向轮被堵，闸板阀未全打开，滤水器被脏物堵塞	1. 换泵 2. 紧盘根或更换 3. 清洗检修泵体内部及闸板阀和溢水器底阀
4	滑动轴承发热	1. 润滑油不干净 2. 润滑油不足 3. 油圈带不上油	1. 换油 2. 加油 3. 修理油圈
5	水泵外壳发热	闸板阀未全打开，运转时间过长	闸板阀运转时应全部打开，否则要减少运转时间
6	盘根发热	1. 压盖拧得过紧 2. 水封环缺水	1. 调整压盖松紧 2. 检修水封环

第十四章　煤矿压气设备安装

第一节　概　　述

一、空压机在煤矿中的应用

压缩空气是煤矿中主要动力之一，矿山钻孔（凿岩）、巷道支护（锚喷）、部分运输装载等采掘运输机械都是用压缩空气作为动力。为了保证煤矿生产、建设中所用的各种风动工具正常运转，在煤矿中都按实际需要分别在工业广场、采区井口设空气压缩机站。

煤矿空气压缩机站一般安装在地面井口附近，将空气压缩机压缩的空气通过地面管道送入井下，顺井下巷道送到采掘工作面，带动风动工具进行工作。

二、空压机的分类

空压机按工作原理分为活塞式、螺杆式、叶片式空压机三种，按布置方式分为固定式和移动式空压机。活塞式空压机按气缸的布置又分为立式、卧式、角式（L 型、V 型、W 型）空压机；按压缩次数分为一级、二级、多级空压机；按冷却方式分为风冷和水冷空压机。

国产矿用固定活塞式空压机多为二级、L 型、水冷，排气压力为 784.5 kPa，排气量为 20 ~ 100 m³/min。移动活塞式空压机多为二级 V 型、W 型、风冷，排气压力为 784.5 kPa，排气量为 3 ~ 12 m³/min。

目前，我国煤矿生产、建设中广泛使用 L 型空压机。因 L 型空压机具有结构紧凑，体积小，运输安装方便，占地面积小，使用维修方便等优点。本章以 4 L 型空压机为例讲述空压机的安装工艺。

三、4 L 型空压机的结构组成

4 L 型空压机的结构组成如图 14 - 1 所示。

（1）传动部分。由机身、曲轴、连杆、十字头、飞轮（皮带轮）等组成。由电动机通过三角皮带拖动曲轴旋转，曲轴通过连杆推动十字头带动活塞作往复运动。

（2）气缸部分。由一、二级气缸，冷却水套，填料箱，吸、排气阀，活塞等组成。

（3）调节装置。由压力调解器，卸荷器和安全阀等组成。

（4）冷却装置。由冷却水套，冷却器，冷却系统等组成。

（5）润滑装置。由齿轮泵，柱塞泵，滤油器，输油管，油压力表等组成。

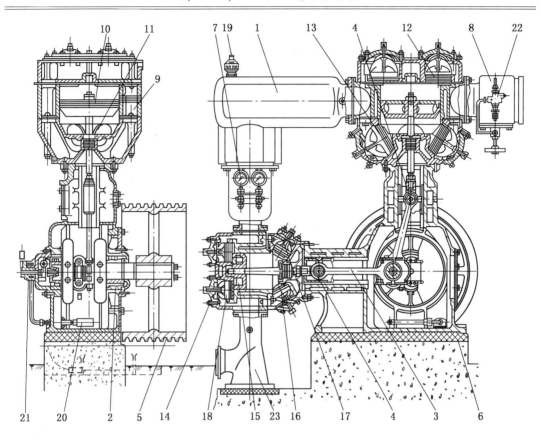

1—中间冷却器；2—曲轴；3—连杆；4—十字头；5—皮带轮；6—机身；7—压力表；
8—减荷阀；9—一级气缸体；10—一级活塞；11—一级填料箱；12—一级进气阀；13—一级排气阀；
14—二级气缸体；15—二级活塞；16—二级填料箱；17—二级进气阀；18—二级排气阀；19—安全阀；
20—粗滤油箱；21—齿轮泵；22—压力调节器；23—带座弯头

图 14-1　4 L 型空压机总剖视图

四、4 L 型空压机的工作原理

4 L 型空压机是二级、双缸、复动水冷式空压机。其工作原理是：自由状态的空气经过滤风器除尘后进入一级气缸，通过电动机带动曲轴旋转推动活塞往复动作将自由空气压缩为215.7 kPa 的压力后进入中间冷却器冷却，然后进入二级气缸继续被压缩成为压力784.5 kPa 的压缩空气，再经过后部冷却器冷却后进入风包内，通过井上下的排风管路将压缩空气（有压力的空气）送到采掘工作面，供应凿岩的风动工具使用。

五、固定空压机站安装位置的选择

在选择空压机站的安装位置时，必须考虑以下因素：
（1）应靠近用气地点，节省输气管路的敷设和减少压降。
（2）站址应选择在空气洁净、通风良好的场所。
（3）要考虑安装、检修时运输方便的地方。

第二节　空压机设备安装程序

空压机设备安装程序见表 14 - 1。

表 14 - 1　空压机设备安装程序表

程序	安 装 项 目	内　　　容
1	基　础	空压机的地基基础，由土建施工单位承担
2	地基基础检查与验收工作	1. 埋设基准标高点和固定挂线架 2. 挂上安装基准线，检查地基标高和基础螺栓孔的位置
3	垫铁布置	1. 测算垫铁厚度，按质量标准规定摆放垫铁 2. 用平尺配合水平尺对垫铁进行找正，并铲好垫铁窝及地基上的麻面
4	设备开箱检查	1. 按装箱单和设计说明书清点检查设备及零部件的完好情况和数量 2. 清洗并刷去机械及零部件表面防腐剂
5	空压机主体就位	1. 选择适用的起吊工具将空压机主体放在垫铁平面上（地脚螺栓先放入基础孔内） 2. 穿上地脚螺栓，并带上螺帽
6	空压机主体找正找平	1. 找标高 2. 用三块方水平尺，分别放在一、二级气缸壁上，找平空压机主体 3. 利用安装基准线找正空压机主体横向和纵向位置
7	电动机	1. 在空压机的三角皮带轮和电动机的三角皮带轮上拉线进行找正 2. 找正后，将垫铁组点焊成为一体，进行二次灌浆
8	空压机机体内零部件	1. 安装传动部分零部件：曲轴、连杆、十字头 2. 安装压气部分零部件：活塞、活塞环、气缸盖及吸、排气阀盖（吸、排气阀待负荷试运时安装） 3. 安装润滑部分零部件：齿轮泵，柱塞泵和油管
9	风　包	1. 测算垫铁厚度，并将垫铁摆放在基础平面上 2. 风包吊装就位，并进行找平找正 3. 二次灌浆
10	冷却水泵站	1. 测算垫铁厚度，并将垫铁摆放在基础平面上 2. 安装单级离心式水泵，找正找平后进行二次灌浆
11	管路及附属部件	1. 安装吸风管、排风管、冷却水管、油管等 2. 安装油压表、风压表、安全阀、压力调节装置
12	基础抹灰	用压力水清洗基础表面后，进行基础面抹灰工作
13	水压试验	对安装完毕的机体、管路、风包进行水压试验（试验压力为工作压力的 1.5 部）
14	设备粉刷	对设备和管路粉刷，涂油漆
15	空压机试运转	1. 对空压机和水泵站进行空负荷、半负荷、全负荷试运转 2. 对压力表、安全阀、压力调节装置进行调整
16	移交使用	1. 清扫机房 2. 整理图纸资料 3. 移交生产单位

第三节 4L型空压机安装

1. 机体就位

在空气压缩机房的基础地面上设置吊装工具，在人字架或三角架上挂一台3t起重机（因机身质量2.7t），用起重钢丝绳拴住一级气缸体和中间冷却器的外围进行吊装就位。整体吊装后如图14-2所示。

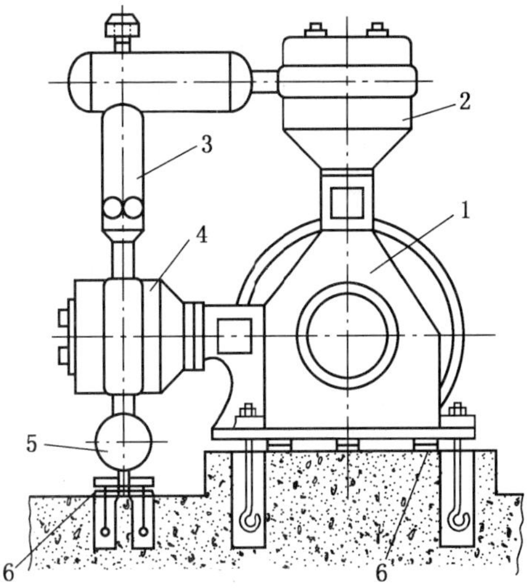

2. 带座弯头安装

因带座弯头在机体的二级气缸下部，若不事先将其吊放在如图14-2所示的位置处，待机体吊放后就无法进行安装。所以在空压机机体吊链前应先把带座弯头与机体联接好，并将带座弯头的下部滑道同时装好，穿上滑道的基础螺栓，如图14-3所示。

3. 机身找正

当机身就位后，以机房内的安装基准线找正机体。

4. 机身找平

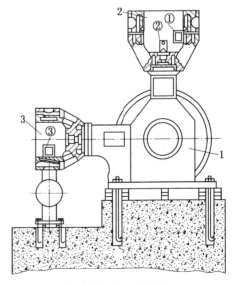

1—空压机机身；2—一级气缸；3—中间冷却器；
4—二级气缸；5—带座弯头；6—垫铁
图14-2 整体吊装后示意图

（1）找平工作在一级气缸体上和二级气缸体上进行。首先把一、二级气缸体的缸盖、活塞及活塞杆，排、吸气阀全部卸下来，露出气缸壁的加工面（对新出厂的空压机可以不拆活塞及活塞杆）作为测量面，如图14-4所示，水平尺①、③用来测机身的纵向水平

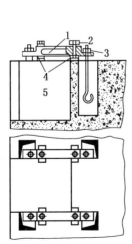

1—带座弯头滑道；2—弯头联接螺栓；
3—基础螺栓；4—垫铁；5—排气管安装空间
图14-3 带座弯头的滑道安装

1—机身；2—一级气缸；
3—二级气缸；①、②、③—精密度水平尺
图14-4 空压机机身测量找平示意图

度；水平尺②用来测机身横向水平度。机身垂直于曲轴方向为纵向；平行于曲轴方向为横向。

（2）两台以上空压机安装，其相互间标高误差不大于 5 mm，以保证管路联接的顺利进行。

第四节　空压机的电动机安装

一、电动机就位

电动机吊装前，将电动机的导轨放在垫铁平面上，并将基础螺栓穿上（图 14-5）。再

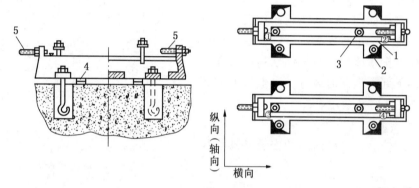

1—电动机导轨；2—基础螺栓；3—联接电机螺栓；4—垫铁；5—电机调位顶丝

图 14-5　电动机导轨安装

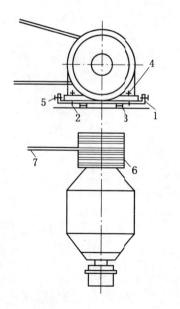

1—导轨；2—基础螺栓；3—垫板；4—电动机导轨联接螺栓；5—调位顶丝；6—皮带轮；7—三角胶带

图 14-6　电动机安装示意图

将电动机吊放在调整导轨上，用联接螺钉拧好，但注意要将电动机放在导轨的中间位置，留出电动机的调整余量。

二、电动机的找正、找平

1. 电动机找正

如图 14-6 所示，在两个皮带轮的两端（空压机皮带轮和电动机皮带轮）挂上一根三角胶带，并通过调整螺栓，挪动调整导轨，使三角胶带在空压机皮带轮和电动机皮带轮之间达到张紧合适程度。

2. 电动机找平

在图 14-5 中①、②、③、④四个位置的导轨平面上，放上带刻度的钢板尺，用精密水准仪进行找平（纵向水平度允差为 0.2/1000，横向水平度允差为 0.5/1000），找平找正后进行二次灌浆。

第五节 4L型空压机零部件装配

空压机的曲轴、连杆、十字头、填料箱、活塞及活塞杆，吸、排气阀等零部件，在安装时需仔细检查和装配。

一、空压机主要零部件装配间隙（表14-2）

表14-2 空压机主要零部件装配间隙

序号	间 隙 名 称	规定间隙	极限间隙与处理方法
1	1. 气缸与活塞径向间隙（一级） 2. 气缸与活塞径向间隙（二级）	0.25~0.46 0.18~0.34	间隙为1.0时镗缸并更换活塞 间隙为0.7时镗缸并更换活塞
2	十字头与（一、二级）导轨的径向间隙	0.17~0.25	间隙为0.5时更换十字头
3	十字头销与连杆小头瓦径向间隙	0.02~0.07	间隙为0.5时换铜衬套（小头瓦）
4	曲轴径与连杆大头瓦径向间隙	0.04~0.11	当铜垫一侧厚度超过1.0时重浇瓦
5	1. 活塞行程间隙（一、二级）外死点 2. 活塞行程间隙（一、二级）内死点	2.5~3.3 2.1~2.9	
6	涨圈与活塞槽间隙（一、二级）	0.015~0.085	间隙为0.2时要更换涨圈
7	1. 吸、排气阀行程（一级） 2. 吸、排气阀行程（二级）	2.7+0.2 2.2+0.2	

二、曲轴部件的装配

1. 结构

曲轴用球墨铸铁制成，4L型活塞式空压机的曲轴部件结构示意图如图14-7所示。该

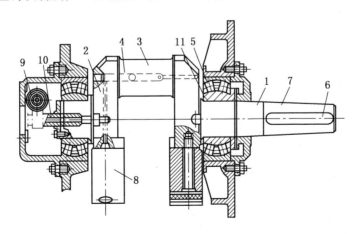

1—主轴颈；2—曲臂；3—曲拐颈；4—曲轴连油孔（中心油孔）；5—双列向心球面滚子辗承；
6—键槽；7—曲轴的外伸端；8—平衡铁；9—蜗轮；10—液压泵传动轴（小轴）；11—定位挡环

图14-7 4L型活塞式空压机的曲轴部件结构示意图

曲轴有一个曲拐（并列装有两根连杆）。曲轴两端支持在两级双列球面向心滚子轴承（3622）上。曲轴的右端装有三角皮带轮，左端的外侧装有传动轴带动齿轮泵，并经过传动轴、蜗轮蜗杆带动注油器。由齿轮泵排出的润滑油，流经曲轴油孔到达传动机构的各润滑部位，由注油器排出的润滑油输入到气缸中。曲轴的两个曲臂上各装一组平衡铁，用来抵消旋转惯力和往复惯力。为了保证曲轴在运转中所需要的压力润滑油，在曲轴内钻孔作为润滑油的通道。

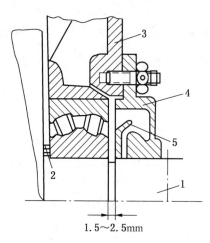

1—曲轴；2—定位环；3—大盖；
4—轴承盖；5—抛油环
图 14 - 8　曲轴膨胀间隙

2. 装配要求

（1）检查曲拐上的两个油孔是否与曲轴左端的油孔相通（用压力风或压力水接到曲轴左端油孔处吹洗）。

（2）检查轴颈与轴承内座圈间隙配合情况。

（3）安装时一定要使轴承内圈压紧定位环，在曲轴的右轴承与轴承盖的断面之间，应留 1.5 ～ 2.5 mm 的膨胀间隙（图 14 - 8）。否则，会造成曲轴磨损和不正常响声。

3. 装配过程

在曲轴右端轴承外座圈上装大盖及衬垫。抬起曲轴穿入机身轴孔内，用枕木敲击曲轴右端，使左端轴承装入轴承座内。拧紧右端大盖与机壳的联接螺栓，再装两端的轴承盖。在轴承盖处要衬上青壳纸垫进行密封。要预先装上右端轴承盖内的抛油环。

三、连杆部件的装配

1. 结构

连杆由大头瓦、大头盖、杆体、小头瓦等构成，如图 14 - 9 所示。其大头瓦与曲拐相连，小头瓦通过十头销连在十字头上。在杆体中还钻有润滑孔，以便由大头瓦往小头瓦中注油。

2. 装配要求

（1）装配时必须用压风吹洗油孔。

（2）装小头瓦的十字头销穿入锡青铜套内观察是否转动灵活，并且不能有明显摆动现象。

3. 连杆大小头的刮研

在曲轴的曲拐上涂上一层显示剂，分别将一、二级的大头瓦从机身检查孔放入曲拐轴颈上同时拧紧螺栓，用手盘车检查大头瓦与轴的接触情况，如接触点不符合规定时，要对连杆轴瓦进行刮削研磨工作。刮削大头瓦时，先将轴瓦固定在台式虎钳上，用手持三角长把刮刀进行刮削。如图 14 - 10 所示，注意夹持时不要碰伤合金部分。

刮研的轴瓦内圆不得出现椭圆度和圆锥度。刮研的质量：轴瓦与轴颈的接触面积要达到 2/3，每平方厘米内接触点要达到 1 ～ 3 个。当刮研合适后用塞尺检查确定轴瓦间隙。

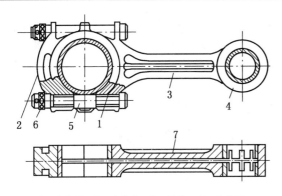

1—大头瓦；2—大头盖；3—杆体；4—小头瓦；
5—连杆螺栓；6—连杆螺母；7—杆体油孔

图 14-9 连杆的构造   图 14-10 连杆轴瓦的刮法

4. 曲轴与大头瓦的瓦口垫配制方法

用外径千分尺量取曲轴直径为 D，在不装垫片的情况下将大头瓦扣合（图 14-11），用内径千分尺量取瓦的内径为 D'，计算瓦口垫片所需厚度值为

$$H = (D + C) - D'$$

式中 H——应垫瓦口垫的厚度；

D——曲轴直径；

C——曲轴同大头瓦间隙，其值见表 14-2；

D'——未垫垫片前瓦的内圆直径。

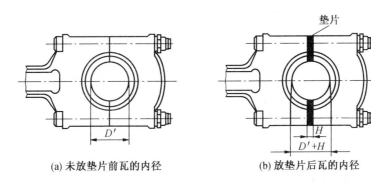

(a) 未放垫片前瓦的内径   (b) 放垫片后瓦的内径

图 14-11 大头瓦的瓦口垫配制

5. 装配方法

在大小头瓦间隙找好后涂以机械油，与曲轴和十字销轴连接起来，用对角方法拧紧螺栓，穿好保险销。

四、十字头部件的装配

1. 十字头与十字头销的构造

十字头是连接活塞杆与连杆的部件。目前国内十字头产品结构有两种，一种如图

14 – 12所示，滑板与十字头体是用螺栓联接，可用加减薄铁片调整间隙。另一种十字头是整体的，即滑板与十字头体为一整体，如间隙不合适时，用更换十字头或重新浇灌滑板表面轴承合全方法调整。

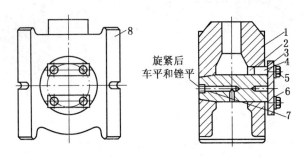

1—十字头体；2—十字头销；3—盖；4—键；5—螺栓；6—止动垫片；7—螺塞；8—滑板

图 14 – 12　十字头部件示意图

2. 十字头与机身导轨的研配

将研配的十字头送入机身导轨处，按图 14 – 13 所示的方法用塞尺测试配合间隙（其间隙规定值为 0.17 ~ 0.25 mm），如间隙不合适时，在十字头滑板与十字头体中间处用薄铜垫片调整。

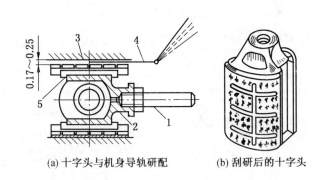

(a) 十字头与机身导轨研配　　　　　(b) 刮研后的十字头

1—短把；2—十字头；3—机身导轨；4—塞尺；5—十字头体与滑板连接处

图 14 – 13　十字头与机身导轨研配

3. 十字头刮削

刮研时先在十字头外径涂显示剂，将十字头体送入机身导轨处来回推拉数次，根据着色点进行刮削。具体拉动方法是在十字头与活塞杆连接处用一根特制的带丝扣的圆铁短棒，将带丝扣端与十字头螺母连接后，用手来回拉动十字头（图 14 – 13a 所示）。将十字头取下放在平台上，用三角刮刀刮削，在刮削时一定要注意，防止产生锥度。十字头两端要有倒角，滑板与机身导轨接触面要有油沟和油孔。在其油沟和油孔处要用刮刀修整得圆滑，最后可以在十字头滑板外径上刮出花纹（图 14 – 13b）。刮削及间隙配合工作结束后要彻底清洗并特别注意油沟、油孔的吹洗工作。吹洗油沟和油孔可采用压风吹洗的方法进行。

五、填料箱的装配

1. 填料箱的构造

活塞与气缸之间因为有相对滑动，所以都留有必要的间隙。空压机工作时，为防止被压缩的气体从这些间隙中大量泄漏，因此在气缸体上装有防止泄漏的填料。4L－20/8 型压风机装配有金属的自紧式三瓣密封圈填料。

2. 填料箱的装配

铸铁制成的三瓣密封圈是由三块带斜口的瓣组成，整圈中有一瓣有一小孔是定位用。外面环沟用弹簧箍紧在活塞杆上，为了防止压缩空气漏泄，各组密封圈的斜口都交错放置；为了防止检修装配时错位，出厂时都打了字头号，靠近接口的地方刻上接口的记号，所以在装配时必须注意不要把密封瓣编号弄乱。同时也不要将各段密封装错。因三瓣密封圈每组都用弹簧箍紧在活塞杆上，装拆都非常不便，所以每组密封圈下端加工了两个 M6 的螺孔，以备装拆之用。

六、活塞与活塞环的装配

1. 活塞组合件的装配

先在活塞杆的顶部拧入一吊环（图 14－14），将活塞组合件吊起。通过锥形导向套，将活塞及活塞吊放到气缸中，锥形导向套是用铸铁制成，其尺寸可根据所装活塞环大小不同而制作，为了装拆方便，导向套两边可以制成耳环。当活塞杆吊放通过填料箱时，要注意不要擦伤填料箱内的密封圈。当活塞

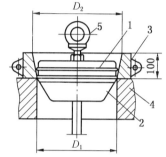

1—活塞环；2—活塞；3—专用锥形工具；4—气缸；
5—吊环；D_1—气缸直径；D_2—锥形套大头直径

图 14－14　活塞组合件装入气缸的方法

杆端靠近十字头时，转动活塞杆，使活塞杆螺纹拧入十字头螺孔中。在气缸盖装好后进行活塞的内外死点间隙调整，当达到质量标准要求后，把活塞杆上的防松螺母拧紧。

装配活塞时，其锁口位置要相互错开，并要与气缸上气阀口、注油孔等位置适当错开。二级气缸的活塞环开口应在气缸的水平两侧。

2. 内外死点间隙调整

用直径 3~4 mm 的铅丝，在气阀口处伸入气缸内用手盘车压铅丝，把压扁的铅丝取出用千分尺测量其厚度，读数即为内外死点间隙。

（1）内死点间隙的调整。将十字头与活塞杆联接的防松螺母松开，按应调间隙数，拧动活塞杆进行调整，并拧紧防松螺母，再用铅丝压测。按上述方法反复测几次，直到符合要求为止。

（2）外死点间隙调整。经用铅丝压测间隙读数达不到要求时，要在气缸端盖上端与气缸端盖接口处加垫石棉垫进行调整。具体方法是将气缸盖联接螺栓卸掉，缸盖拆下后，将接口处的石棉垫拿下来测，按与实际误差的读数更换合适的石棉垫。

（3）内外死点间隙的允许值见表 14－2。

3. 气缸盖装配

吊装气缸盖时，可用如图 14－15 所示的专用工具，将气缸盖吊起放到气缸上，紧固

好气缸螺栓上的螺母。紧固螺母时要按一定顺序进行，扳手力矩要达到规范值。

七、气阀的装配

1. 气阀组合件的配合（图 14 - 16）

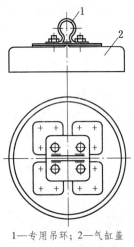

1—专用吊环；2—气缸盖

图 14 - 15　吊气缸盖工具

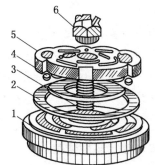

1—阀座；2—阀片；3—螺栓；4—弹簧；5—阀盖；6—螺母

图 14 - 16　气阀装配

（1）排气阀的装配。将自制工具夹于虎钳上，阀座 1 中心的螺孔插入螺栓 3 后，放在专用工具的锥形卡叉上。将阀片 2 放于阀座 1 上，弹簧 4 放于阀片 2 上，并与阀盖 5 上的弹簧孔对正装入，拧紧槽形螺母 6（螺母下面应放置一个铅制垫圈），然后穿好开口销（开口销不要用旧的铁丝、钉子等代替）。

（2）吸气阀的装配。将自制的专用工具夹于虎钳上，将阀盖中心的螺孔拧入螺栓 3后放在专用工具的锥形卡叉上，将弹簧 4 放入阀盖的弹簧孔中。阀片 2 放在弹簧上，装上阀座后拧紧槽形螺母 6，穿上开口销。

装卸气阀组合件的专用工具如图 14 - 17 所示。

2. 气阀组合件的检验

气阀中的弹簧无卡阻和歪斜现象。气阀和阀片开启和升高程度应符合规范（一级为 2.7 mm，二级为 2.2 mm）。气阀应注入煤油进行气密性试验，如图 14 - 18 所示。将气阀

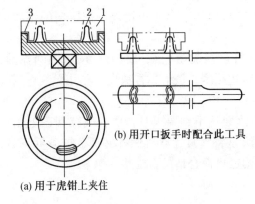

(b) 用开口扳手时配合此工具

(a) 用于虎钳上夹住

1—气阀；2—锥形卡叉；3—阀座

图 14 - 17　气阀装卸专用工具

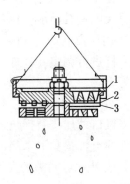

1—吊盘；2—气阀组合件；3—煤油

图 14 - 18　气阀组合气密性试验方法

放在吊盘上吊起来，以便观察，在 5 min 内允许有不连续的滴油、渗油，但其漏油数应小于40滴。

3. 气阀的装配

气阀组合件往气缸或缸盖上装配时，先在阀座上试转 1～2 周，如无卡阻现象，即可装上，要注意用气阀压盖上压紧螺栓将气阀压紧，否则阀会振动发出不正常响声，易损坏阀片、弹簧等。气阀组合件在空载试车中不装入，只将气阀压盖装上，以防止空载试车时润滑油飞溅出来。

八、齿轮液压泵的装配

1. 液压泵的装配

将齿轮液压泵主动轴法兰与曲轴用螺栓紧固好（图 14－19）。用加纸垫方法调整齿轮泵与机身盖之间的间隙。

2. 液压泵压力的调节

润滑油压力应在 147～245 kPa，如压力过低或过高，可拧动润滑油压力调节阀 8 的调节螺钉，压力高往下拧，反之往上拧，调节后将螺母锁紧。

九、注油器的装配

1. 结构及工作原理

注油器的结构如图 14－20 所示，它是由曲轴经过蜗轮减速器带动凸轮旋转，使摆杆 1 上下摆动，柱塞 2 在弹簧的作用下紧靠摆杆随摆杆上下运动。当柱塞 2 向下移动时，柱塞上部产生真空，润滑油流经滤油网 3 沿吸油管推开球形单向阀排出，送至各润滑部位。注油器排油量大小是通过旋转顶杆 4 改变柱塞的行程来调节的。顶杆 4 还可以作为启动前手动供油之用。

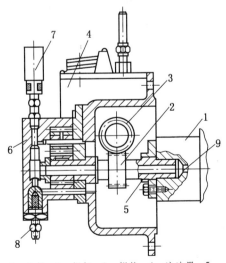

1—曲轴；2—蜗杆；3—蜗轮；4—注油器；5—齿轮液压泵主动轴；6—齿轮液压泵；7—压力表；8—润滑油压力调节阀；9—曲轴上的进油孔

图 14－19　齿轮液压泵与曲轴的装配

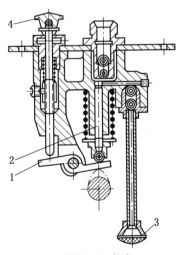

1—摆杆；2—柱塞；3—滤油网；4—顶杆

图 14－20　注油器

2. 同轴度调整

注油器组装时要注意保持注油器的转动轴与蜗轮轴的同轴度。如误差过大可在注油器箱体底脚处用垫片进行调整。

第六节　空压机风包安装

一、风包的就位

将风包吊放在垫铁平面上。垫铁布置如图 14-21 所示。

二、风包找标高

找多台风包相对标高的方法，如图 14-22 所示。将钢板尺放在风包进气口法兰盘上端，用水准仪对各台风包进行测量，按所测标高数值进行比较，其相对标高允差为 5 mm。单台风包安装时，对标高一般无规格要求，只要风包垂直于基础即可。

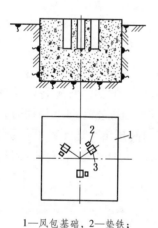

1—风包基础，2—垫铁；
3—基础螺栓孔

图 14-21　垫铁布置方位

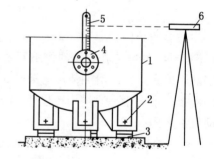

1—风包；2—基础螺栓；3—垫铁；4—进气口法兰盘；5—钢板尺；6—水准仪

图 14-22　风包标高测定

三、多台风包相互中心的找正

多台风包安装相互中心应在同一直线上，找正时拉线绳紧贴中风包外圆面进行，根据风包与基准线间隙进行调整，如图 14-23 所示，中间包风需要向前移动 Δ_1 距离。

四、风包垂直度的找正

在风包顶面任意相隔 90° 挂 2 条线坠作为找正基准，如图 14-24 所示，右面线坠下部离开风包表面 Δ 距离，则说明风包上端向右倾斜。

五、空压机排气口与风包进气口中心线的检查

检查方法如图 14-25 所示，分别在风包的进气口和排气口的法兰盘中心位置吊上线

坠，再从空压机的排气口中心拉下基准中心线，检查风包进、排气口线坠尖端是否同中心线对准。否则需要移位或扭转风包进行调整。

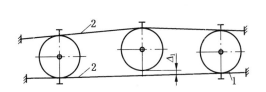

1—风包；2—拉线

图 14 - 23　用拉线方法找多台风包的位置

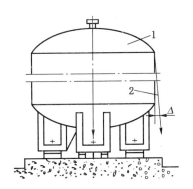

1—风包；2—线坠

图 14 - 24　风包找正

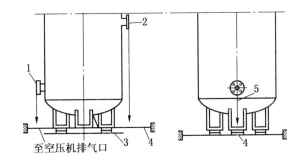

1—风包进气口；2—风包排气口；3—垫铁；4—拉线；5—风包进气口线坠

图 14 - 25　空压机排气口与风包进气口中心线检查

第七节　吸、排气管及冷却系统安装

一、吸气管路安装

（1）吸气管一般是采用钢板卷成的，其连接法兰盘是用厚钢板加工制成。

（2）吸气管安装前，管内的焊渣必须清除干净，防止空压机运转时将焊渣吸入气缸中磨损缸壁。当吸气管安装完毕后对短管的墙壁孔及支承架都要灌浆进行固定。

法兰盘中间要放上浸白铅油的石棉垫并拧紧联接螺栓，注意力量要均匀，防止歪斜漏风。

二、排气路安装

排气管采用带法兰盘的无缝钢管，安装方法如下：

（1）把二级气缸下面的带座弯头，后部冷却器，室外风包，井口管路分别用试压合

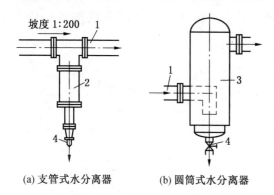

(a) 支管式水分离器　　(b) 圆筒式水分离器

1—压气管道；2—支管；3—圆筒；4—放水阀

图 14-26　排气管路装设水分离器示意图

水压试验。

三、冷却水系统安装

1. 冷却水的作用

为了控制气缸的排气温度不超过 160 ℃，排水温度不超过 45 ℃，故在空压机站中设一套冷却水装置。

2. 冷却水系统的组成

如图 14-27 所示冷却系统配有 3 台单吸单级离心式水泵（2 台运转、1 台备用），并设置一条主干管和 4 条分支管。主干管从水泵出口铺设到各空压机的前端。4 条分支管分别至一级气缸冷却水套，二级气缸冷却水套，中间冷却器（后部冷却器）。回水经排水漏斗流回到冷水池中，经散热冷却后，再由水泵送到各级气缸套和冷却器中，控制排水温度。

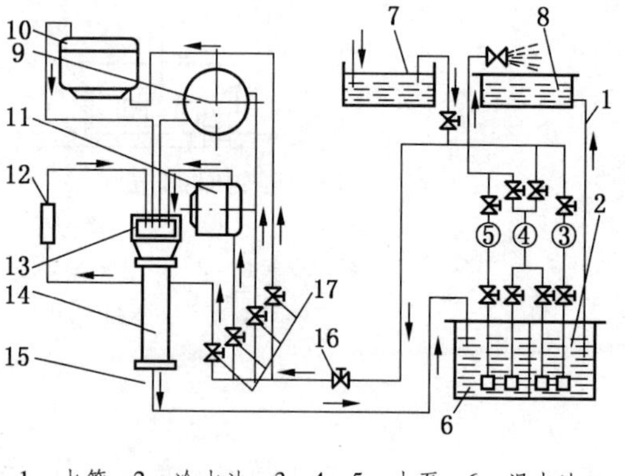

3. 冷却水泵站安装

按空压机站的水泵布置位置进行安装。水泵安装完毕后，将管路及附件同水泵进行连接。

4. 管路安装

格的无缝钢管连接成排气管路系统。

（2）井筒及巷道内不移动的干线管路可以用焊接连接。风动工具和压风管路系统间，用挠性软管来连接。为了消除应力，沿管路每隔 150～200 m 处装置伸缩管。为了便于排出压气冷却时析出的油和水，沿着主要管路每隔 500～600 m 处要装设水分离器（图 14-26）。

（3）管路安装时应注意，在两法兰盘中间要放上浸白铅油的石棉垫，加强密封。法兰盘连接不得歪斜。管路安装前要进行水压试验。

1—水管；2—冷水池；3、4、5—水泵；6—温水池；7—高位水池；8—喷水池（或冷却水塔）；9—中间冷却器；10—一级气缸水套；11—二级气缸水套；12—润滑机冷却器；13—排水漏斗；14—停水断路器；15—排水管；16—总进水阀；17—调节阀门

图 14-27　空气压缩机站循环冷却系统示意图

冷却水循环管路都是采用焊接钢管，其主干管用法兰盘联接，分支管用螺纹联接。各种水管及附件安装后，都要按规定的安全倍数进行水压试验。

5. 水压试验标准

（1）风包、后部冷却器、排气管：额定压力的 1.5 倍，1.5×784 kPa。

（2）油冷却器：液压泵工作压力的 1.5 倍，1.5×245 kPa。

（3）中间冷却器：一级气缸排气压力的 1.5 倍，1.5×245 kPa。

（4）气缸水套：1.5×245 kPa。

第八节　4 L 型空压机试运转

一、4 L 型空压机试车前的准备工作

（1）将空压机擦洗干净，并清理好现场，将机械附近的物品搬开并将所需要的工具整齐地放在固定地点。

（2）电动机及启动设备，配电开关柜应单独调整试验好，电动机的旋转方向应符合空压机的要求。

（3）检查气缸、机身、十字头、连杆、气缸盖及基础螺栓等紧固情况，如有不合要求之处应立即加以调整和修理。

（4）再测一次一、二级气缸死点的间隙，检查测试结果与规定是否相符，否则要进行重新调整。

（5）将空压机油池内（机身油池应擦拭清洁）注入规定牌号的润滑油，用测尺或油标检查油面高度，要符合规定。用手摇动齿轮泵，向运动机件内注入润滑油，并使油压达到 98 kPa 以上，同时观察润滑油注入各运动机件润滑点处的进油情况。

（6）向注油器加入规定牌号压缩机油，然后将每根油管上最接近气缸处的接头卸开，用手摇动注油器，直到油从管中滴出为止。并检查油管与气缸接触处安装的逆止阀是否动作灵敏，然后把油管接好，再用手摇动注油器，向一、二级气缸润滑点注入润滑油。

（7）开启水泵，打开冷却水管路的阀门，使冷却水的流动畅通无阻，同时检查连接管件处是否有漏水现象，检查各排气管路阀门开闭是否灵活。

（8）检查各压力表、温度计以及各保护装置是否妥当，拆去各级气缸的气阀，将外盖盖上并拧紧螺栓。将减荷阀调整到启动位置。

（9）盘车转动空压机 2~3 转，检查各运动机构，有无卡阻和碰撞情况。

二、4 L 型空压机无负荷试车

先将电动机启动开关间断地启动 1~2 次，察听空压机的各运动机构有没有不正常的响声或卡阻现象，然后再启动电动机，使空压机空转，这时检查下列各项：

（1）冷却水应畅通无阻，各路冷却水都可以从漏斗中观察进出水口的水温及水流量情况。

（2）润滑油压力应在 98~245 kPa 范围内，注油器向各级气缸（一二级气缸）及填料箱的注油情况。

（3）空压机运转声音是否正常，不应有碰击声及不正常响声。各连接处有无松动现象，机体是否振动，基础螺栓是否松动。

（4）各安装温度计之处设专人随时监视其温度情况。

无负荷试车 5 min 后应停车进行检查，检查项目如下：

（1）打开机身后盖用手触摸，检查曲轴主轴滚动轴承发热情况，检查连杆瓦、填料箱与活塞杆、十字头及滑板等处温度不允许有较高的发热。

（2）机身油池内温度几乎没有增加。

（3）检查运动机件摩擦表面情况。

（4）停车检查结果证明机器各部位都正常时即可连续运转 10 min、15 min、30 min、1 h 等，各次停车检查若无问题，可连续运转 8 h，每次检查项目与第一次相同。

三、4 L 型空压机的吹洗工作

空压机无负荷试运完毕后，即可进行"吹洗"工作，利用空压机各级气缸压出的空气吹除该机排气系统的灰尘以及污物，吹洗步骤如下：

（1）先将一、二级气缸的吸气腔道及一级吸气管道内部用人工方法清扫干净。

（2）装上一级气缸的吸排气阀，同时松开二级气缸的吸气管法兰螺母使其与二级气缸分开。开车利用一级气缸压出的空气吹洗一级气缸排气腔道、一级排气管、中间冷却器、二级吸气管，直到排管中排出的空气完全干净为止。

（3）装上二级气缸的吸、排气阀，同时打开风包通向大气管路上的阀门，开车吹洗二级气缸，二级气缸的排气腔道、二级排气管、后冷却器及风包等，直到排出的空气完全清洁为止。

（4）各级气缸的开车吹洗时间不限，直到吹净为止，在吹洗时可装临时管子将吹出的气体排到室外。

四、4 L 型空压机负荷试车

负荷试车用压缩气进行，在进行负荷试车的同时也进行气密性试验。通过负荷试车，可以了解空气压缩机在正常工作压力的气密性，生产能力（排气量）以及各项工作性能是否符合规定要求。因此负荷试车是决定空压机能否正式投入生产的关键。

1. 负荷试车前的准备工作

首次负荷试车是在空车运转和吹洗工作完毕之后，把吹洗时临时管路拆去，装上固定管路、仪表等，然后进行正式试车。应该分次逐渐增加负荷，每次增加负荷之前应保持一定的时间。

2. 负荷试车分 4 个阶段进行

在调节空压机负荷时采用逐步关闭风包排气阀门的方法，使空压机压力逐步升高，从而保持相应压力。首先将排气压力调为额定压力的 1/4，运转约 1 h；再调到额定压力的 1/2，运转约 2 h；再调到额定压力的 3/4，运转约 2 h；最后调到额定压力 784.5 kPa 运行 8 h。在上述四个阶段负荷运转过程中，要对下列项目进行检查：

（1）机油压力应在额定范围之内（98.0 ~ 294.2 kPa）。

（2）空压机运转较平稳，没有不正常振动和声响。

（3）冷却水流正常，没有断断续续的流通和产生气泡、堵塞等现象。

（4）所有连接处没有松动现象，各管路没有泄漏及剧烈的震动现象。

（5）电动机温升及电流值应在规定范围之内。

（6）各级排气温度不得超过 160 ℃，冷却水的排出温度不得超过 40 ℃。

（7）曲轴主轴承温度不超过 70 ℃，连杆轴承、填料箱与活塞杆、十字头滑板与机身导轨的温度不得超过 60 ℃，机身油温不得超过 60 ℃。

（8）运动机件的各摩擦面的情况良好，无烧痕、擦伤、磨损痕迹等。

五、4 L 型空压机试运转中调节机构的调整试验工作

1. 4L－20/8 型空压机的气量调节工作

采用停止进气的调节方法，即隔断进气路，使空压机处于空运转，排气量等于零。这种方法结构简单、经济性好、广泛用在中小型空压机上，如图 14－28 所示。其工作原理是当风包中的压力高于 799.2 kPa 时，压缩空气通过进气管 1，将调节器 16 中的阀 2 推向上边压缩弹簧 3，同时打开由阀 2 关闭的管道 6，而使压缩空气通过管道 6 到减荷阀 15 的进气孔 7，把小活塞 9 推向上，而压缩弹簧 11，同时使阀 10 向上移动与阀座 13 接合，关闭总进气口，使空压机一级气缸不能再吸入空气，这时空压机处于空转，不再向风包排气。当风包中的力降低到 755.1 kPa 时，压力调节器 16 中的弹簧 3 在弹力作用下把阀 2 压下关闭由风包经进气管 1 而进入的压缩空气。这时减荷阀 15 中就没有高压空气进入，弹簧 11 将小活塞 9 推下，而大气又重新经阀 10 的缺口处进入一级气缸中，使空压机又开始正常运转。压力大小的调节是通过转动手柄 4 来改变压力调节器的弹簧 3 的压力大小而实现的。在空压机启动前用手顺时针转动减荷阀上的手轮 8，推动小活塞 9 向上移动，压缩弹簧 11 使阀 10 与阀座 13 密合，关闭进气口，使空压机空载启动。当启动完了，再反时针转动手轮 8，借助于弹簧 11 的压力使小活塞 9 下降，阀 10 与阀座 13 脱离开，而这时空气从进气口进入一级气缸，空压机开始正常工作。

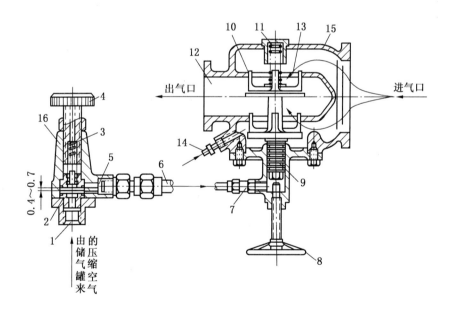

1—进气管；2—阀；3—弹簧；4—手柄调节螺套；5—排出通道；6—管道；7—减荷阀
进气孔；8—手轮；9—小活塞；10—阀；11—弹簧；12—空气排出口；13—阀座；
14—自机身来的管接头；15—减荷阀；16—调节器

图 14－28　4L－20/8 型空气压缩机负荷调节系统

2. 安全阀调整试验工作

一级安全阀设在中间冷却器上端，它的动作压力为 225.5 kPa。二级安全阀设在风包

上端，它的额定压力为 784.5 kPa，一、二级安全阀的动作压力应调到开启压力比额定压力高 19.6~49.0 kPa，关闭压力比额定压力低 19.6~931.6 kPa，调整完毕后进行铅封。调整方法为拧紧或松开安全阀上端的调节螺栓，往下拧紧调节螺栓压缩弹簧为增高压力，往上松开调节螺栓使弹簧压力减少为降低压力。

六、4 L 型空压机试运转时常发生的故障原因和处理方法（表 14 - 3）

表 14 - 3　4L - 20/8 型空压机试车时故障原因及处理方法表

序号	故障类别	故障原因	处理方法
1	润滑油压力突然降低，小于 98.1 kPa	1. 曲轴箱的润滑油不足 2. 油压表失灵 3. 液压泵管路堵塞或调油阀失灵	1. 应立即加油 2. 换油压表 3. 检修管路及油阀
2	油管压力逐渐下降	1. 油管路连接部位不严密 2. 运动机构轴衬磨损过甚	1. 将螺母拧紧或加垫 2. 检修轴衬
3	润滑油温度过高	1. 润滑油供应不足 2. 润滑油质量不好、散热不佳 3. 润滑油大脏增加机械磨损	1. 检查油路漏损加油 2. 换合格润滑油 3. 清洗油池换油
4	气缸油路供油不良	1. 注油点止逆阀不严 2. 注油泵给油少	1. 清洗油管及止逆阀 2. 调正给油量
5	冷却水系统漏水	1. 管路漏水 2. 缸垫不严	1. 检查修理管路 2. 更换气缸垫
6	安全阀故障	1. 不能适时开启，不能打开 2. 关闭不严	1. 清洗检修安全阀 2. 调整弹簧
7	主轴承过热	1. 轴向配合间隙太小 2. 供油不良	1. 调整间隙 2. 调整供油量
8	声音不正常	1. 死点间隙不够，热膨胀后发生冲击 2. 活塞螺母松动 3. 缸内有水 4. 气阀松动 5. 掉入损坏零件碎片 6. 连杆螺钉松动 7. 阀片损坏	1. 调整死点间隙 2. 拧紧 3. 检查冷却系统严密性 4. 拧紧气阀螺母，压紧制动圈和螺钉 5. 清除 6. 调整间隙，拧紧 7. 检查及更换
9	阀部件工作不正常	1. 气缸内有水冲击 2. 弹簧疲乏 3. 阀座变形，阀片翘曲 4. 弹簧卡住阀片，关闭不严 5. 结焦渣过多，影响开启	1. 检修冷却水系统的严密性 2. 更换 3. 研磨、更换 4. 更换弹簧 5. 清除

表 14 - 3（续）

序号	故障类别	故 障 原 因	处 理 方 法
10	填料箱不严密	1. 供油量不足磨损，回油路堵塞 2. 密封圈磨损，活塞杆磨损 3. 密封元件不能同活塞杆合抱	1. 调整供油量 2. 更换 3. 换件
11	排气量不够	1. 吸气阀温度高，进排气阀不严密 2. 活塞环泄漏 3. 密封填料箱泄漏 4. 安全阀不严 5. 局部不正常漏气 6. 滤风器堵塞 7. 压力调节机构失灵	1. 修理吸气阀 2. 检修活塞环与槽间隙，更换活塞环 3. 修理填料箱 4. 修理安全阀 5. 根据密封部位，采取密封措施 6. 清洗 7. 检查调节杆是否松动、压簧是否变形

参 考 文 献

［1］方慎权. 煤矿机械［M］. 徐州：中国矿业学院出版社，1986.

［2］齐殿有. 矿山固定机械安装工艺［M］. 北京：煤炭工业出版社，1986.

［3］吴邦强，葛盛年. 设备用油与润滑手册［M］. 北京：煤炭工业出版社，1989.

［4］《综采生产管理手册》编委会. 综采生产管理手册［M］. 北京：煤炭工业出版社，1994.

［5］国家安全生产监督管理总局，国家煤矿安全监察局. 煤矿安全规程［M］. 北京：煤炭工业出版社，2016.

图书在版编目（CIP）数据

煤矿机械安装工：初级、中级、高级/煤炭工业职业
技能鉴定指导中心组织编写．--修订本．--北京：煤炭
工业出版社，2017（2023.11 重印）

煤炭行业特有工种职业技能鉴定培训教材

ISBN 978-7-5020-5852-4

Ⅰ．①煤⋯　Ⅱ．①煤⋯　Ⅲ．①煤矿机械—安装—职业
技能—鉴定—教材　Ⅳ．①TD407

中国版本图书馆 CIP 数据核字（2017）第 110352 号

煤矿机械安装工　初级、中级、高级　修订本
（煤炭行业特有工种职业技能鉴定培训教材）

组织编写	煤炭工业职业技能鉴定指导中心
责任编辑	赵金园
责任校对	孔青青
封面设计	王　滨

出版发行　煤炭工业出版社（北京市朝阳区芍药居 35 号　100029）
电　　话　010-84657898（总编室）
　　　　　010-64018321（发行部）　010-84657880（读者服务部）
电子信箱　cciph612@126.com
网　　址　www.cciph.com.cn
印　　刷　河北鹏远艺兴科技有限公司
经　　销　全国新华书店

开　　本　787mm×1092mm$\frac{1}{16}$　印张　13　字数　306 千字
版　　次　2017 年 6 月第 1 版　2023 年 11 月第 4 次印刷
社内编号　8732　　　　　　　　定价　29.00 元